# 阅读四时之美

长沙市实验小学 长沙市湖湘自然科普中心 编著

湖南科学技术出版社

# 《阅读四时之美》编委会名单

主　编　王云霞

执行主编　谢敏

顾　问　吴羽

编　委
| | | | | | | | |
|---|---|---|---|---|---|---|---|
| 张　岸 | 李岳初 | 冯雅丁 | 陶源远 | 王璀璨 | 杨　密 | 魏　灿 | 侯鑫茜 |
| 彭　熙 | 吴　羽 | 刘珍艳 | 张　欢 | 汪　枫 | 申洁文 | | |

录　音
姚阮曦　毛语涵

物候阅读观察记录
| | | | | | | | |
|---|---|---|---|---|---|---|---|
| 黄瑾瑜 | 杨紫仪 | 郭芮语 | 杨韵琦 | 戴诗琪 | 张翌萱 | 张睿凝 | 桑筱雅 | 司马爱梓 |
| 裴熙瑞 | 刘博妍 | 张斯语 | 肖清怡 | 詹欣瑶 | 陈铭恩 | 沈嘉易 | 王习之 | 周蔚铭 |
| 饶铱涵 | 尹康舟 | 杜岩博 | 杨程程 | 熊梓越 | 刘博睿 | 蒋乐欣 | 孙子惠 | 段泓宇 |
| 陈朗林 | 邢雨婷 | 房雨琪 | 葛浩霖 | 刘思懿 | 任奕羽 | 满昕远 | 夏闻谦 | 吕凝臣 |
| 李东洲 | 李先瀚 | 方馨玉 | 周钰莹 | 李奕萱 | 孙　涛 | | | |

插图绘制
| | | | | | | | |
|---|---|---|---|---|---|---|---|
| 张艾可 | 李芊融 | 牛辰兮 | 刘亦辰 | 文昆子玉 | 粟予熙 | 胡书宛 | 胡真一 | 张思语 |
| 刘哲熙 | 冯哲嘉 | 吴霏尔 | 谭壹畅 | 符楚乔 | 顾佳宁 | 邓梓萱 | 陈雨婕 | 袁率率 |
| 李瑾萱 | 任俊豪 | 王乐涵 | 章天语 | 王籽羲 | 李颖萱 | 王清莹 | 杨逸蕊 | 张睦子 |
| 王信之 | 刘筱璐 | 莫慧妍 | 张蔓婷 | 钱美寰 | 刘子媛 | 刘佳玙 | 肖语瞳 | 杨雅淇 |
| 张梓晴 | 金　典 | 王习之 | 张斯语 | 文润琪 | 陈砚邦 | 司马爱梓 | 杨紫仪 | 周翰璘 |
| 邢雨婷 | 赵瑞宁 | 房雨琪 | 黎致玮 | 陈　姿 | 侯哲瀚 | 陈思羽 | 何孟霖 | 李斯为 |
| 沈嘉易 | 魏枢灵 | 毛语涵 | 张诗语 | | | | | |

人偶形象设计　彭婧溪

这是一本关乎树木树人的书，展示了校园小世界的四时之美，再现了自然大课堂、五年实验苗地的生动故事。

这是一本由校长、教师、学生共创的自然之书，书中有理念，有实践，有探索，有发现。让课程融合生态，看童年拥抱自然，参与者就是编创者，一本新颖的书，琳琅满目，别开生面。

这是一本引人思索的书，浅显而有哲思。我们想培养什么样的孩子？怎样让我们的教育回归自然？……从这本书中，我们也许可获得可贵的启悟。

前不久，习近平主席在湖南湘西，勉励孩子们说："你们就像小树苗一样，现在我们在这儿给你们浇水啊、培土啊，风雨来了还要呵护你们，（你们）最后要长成参天大树，茁壮成长，将来就是中华民族的大森林，人才森林。"

愿这本小书，能激励孩子们，遵照习爷爷的教导，像小树苗那样，在大自然怀抱里站立向上，长大成才。

李少白

一级作家，全国先进儿童少年工作者

大自然包罗万象，千变万化，是最丰富的学习资源，但如何激发孩子们旺盛的好奇心，启发他们的观察力与探索力，由此获得最珍贵的知识，留下最完美的回忆呢？大家一定可以透过这本由长沙实验小学师生共学的结晶——《阅读四时之美》，找到最好的答案。

为了让孩子们能够自主学习，积极参与，王校长特别实行学校本位课程，以学校办学理念及学生的需要为核心，教师为主体，校园环境及自然资源为基础，设计观察大自然的课程，以二十四节气为纵轴，而文化习俗、物候观察、节气诗歌、实践活动等则为横轴，交织出四季的精彩演变，让大家可以感受到大自然的生生不息，与天地共生共存的实在感。

这套学校本位课程共有二十四堂，以"学校"为中心，整合小区的丰厚资源，从学校到户外，由城市到山野，师生们带领着大家，用敏锐的眼睛见证气候变化、植物生长，用敏捷的耳朵聆听万物的声音，用灵活的双手制作传统工艺，用细致的心灵感受四季的更迭以及人文之美，并一一示范怎样记录所看、所听、所思、所得，也撰写出自己专属的观察笔记，留下美丽的印记。

这套课程是一种"参与""合作"和"共享"的活动和文化，完整呈现师生们对二十四节气所进行的全面探索，孩子们能够在其中感受美、发现美、习得美、展现美，这是一本非常适合师生共学、亲子共读的有关自然教育的优良读物。

余治莹

儿童文学作家

二十四节气是天地呼应的自然秩序，是生命的大道、法度与律令，当然也是教育的时间哲学。学而时习之。因为时间，天地众生之间才有气息的吐纳、能量的流转和一去不返的庄严。然而，对儿童来说，自然和节气首先不是知识，而是体验，不是结论，而是过程，不是接受，而是发现。因此，无论学者专家写了多么高深优美的节气之书、时间之书，终归替代不了孩子们的体验，替代不了他们的语言、画笔和活动。在众多关于节气的书本中，长沙市实验小学师生创作的这本书如此独具一格。它从文化习俗、物候观察、节气诗歌、实践活动等方面对二十四节气进行了优美全面的呈现，让孩子们能在其中感受节气之美、自然之美、生命之美。他们全身心拥抱大自然，在浓绿幽静的山中，去看欲燃的春花、远行的种子，去亲近大地，去记录物候，涂鸦心情，书写诗歌，了解民俗风情。我相信，这本书里有孩子们最丰富而独特的童年记忆。

黄耀红

湖南师范大学文学院教授

　　汉语是中华民族可持续智慧的不断积淀所形成的主要载体，每个字都有丰富多姿的组合变义，每个词都有不可替代的精准内涵。我过去没太注意为什么有个词汇叫"教育"而另有个词汇为"教化"，直觉"教育"是专业教育机构对人的程序性教导，"教化"则是社会执政体系对人的有形无形的教导。这个理解原本是对的，廓清了许多有言之教或不言之教。当我翻开长沙市实验小学和长沙市湖湘自然科普中心共同编著的新书《阅读四时之美》时，蓦地对"教育""教化"有了新一层认知，这本图文并茂、版块丰富的实小师生"二十四节气"观察记，作为主题鲜明、内容鲜活、体验感十足、精美度满分的特色读物，最是适合亲子共读，也就是家长与孩子一起阅读。孩子把节气观察日记念给爸妈听，把物候照片、插图讲给长辈评，大人们再把二十四节气的文化习俗、文学底蕴加以延展，又说给孩子们听，从而进一步识趣和走心。一场源于教育、成于教化的别样教益过程，就这么在一本大自然教学实践活动实录的新书里，发生了，生成了。孩子的阅读，是教育；亲子的共读，便是教化。父母儿女，至少两代人被共同的勤奋好学、敦品励学给感染动了热望、煮沸开了热情。如果再加上师生之间的授受交叉、同学之间的兴趣和合，更大情境的复合型教化，实际上重新演绎也重新定义了我们每个人都曾经历的小学阶段的教育方法和模式。

　　这是湖南省百年名校——长沙市实验小学的创举，该校的校训恰恰是"敦品励学，立志成才"，八个字里面寓含了把教育发展至教化的理念申张和逻辑延扩。校长王云霞女士经常叨念这样的办学宗旨——"与国际接轨，与未来相遇，做有温度的教育，办有故事的学校"。她亲自给包括"阅读四时之美——长沙市实小师生二十四节气观察记"在内的类型化、模式化、规格化、标杆化的亲自然教学实践活动取名"项目式学习自然课堂"，提出了"让儿童为生态发声"的崭新思维。小学生们来自课堂的前期赋能，及时且精益地转化到从菁菁校园到纯美大自然的日夜面对和吮吸，用他们的眼睛和手笔，实录下气候、物态、情景、心动，万物生灵之美，就这么被发觉、感受、展现、习得，这就形成了中期赋能，交叉和自我相生；再到汇编成书，孩子们的收获就定格了，凝刻下来，形成传播效应、会心效果，孩子们生活中来自天地律动的参照，和他们从小积累的万物感知力，被投放到亲子共读、师生共读之中，完成了更显著的后期赋能，而且开卷有益、读来滋益的不止是孩子，还包括成年人。教学项目的价值被无形地扩大化了，教导行为的影响力被无形地扩张起了……这么一桩桩、一件件做下去，长沙市实验小学，一个专业教育机构，就足可局域内完成从教育到教化的功能升级。这无疑是对中国教育界更大范围的生动可感的启示。

于是要谢谢这本新书！感谢《阅读四时之美》的教育工作者及其背后的教育思维。我们的生命不可以失去季节感，我们的文化不可以失去季节感，我们的教育不可以失去季节感。我很高兴地向往着家长和孩子一起拿起这本书，体验精彩生动的二十四堂自然课，在书中品读大自然，感受节气之美、自然之美、文化之美、生命之美。然后从书本、他人的记录走到户外，打开全家人的生活记录和自己的知识记录，步入更有体感和心感的真实大自然，在春草夏花里快意，在秋叶冬芒里燃情，体会自然对人的赐予和慰藉，人对自然的爱护和归化，人与自然的命运共同体的境界提升。倘若如此者众多且越来越多，则这本由老师和孩子共同完成的好书，这组由老师们编辑整理的二十四节气的知识、诗歌、习俗、活动，这组由孩子们亲笔记录、描绘的生灵语文和童趣插画，就大大焕发了其书籍的文化意义！

从教育到教化，是杰出教育机构、优秀教育工作者们思想解放、思维裂变的激情过程和理性归结，对于每一个孩子，只有影响到理念上、作用到习惯上、积淀到蕴蓄上，才是教化之所及，而一旦连带影响到家长、作用到长辈、积淀到一家子，才是教化的达致。这就是春风化雨、润物无声的更高级的教育方法和模式——师生共著、亲子共读。还不限于此，我最后要惊喜地推荐本书的独到亮点，就像试卷上的空白填空题、缺项选择题，这本新书以极富创意的出版余白设计，给了小读者很大的跟贴创作空间，让他们可以跟随书里的老师和同学一起，观察、体验、记录并画下自己眼中的二十四节气，充分阅读属于读者自己的四时之美。这就是这场亲子共读大自然的新型教化探索成果的总的文化解答：人的一生，唯有活到抵达生命的骨感，才是彻底真实、尽善尽美、精密活彻的人生！这样的教化，自小就要开始，《阅读四时之美》就是这样一个开始。

易柯明
长沙市作家协会副主席

孩子，我们拥有了星空般的梦想，拥有了森林般的大爱，拥有了行走的姿态，我们就可能拥有最幸福的童年，我们就可能是最幸福的孩子。这是我对你们的心愿与祝福。

对于做家长的，我们要给孩子一片梦想的天空，让他去飞翔；给孩子森林般的大爱，让他去体验；给孩子一条自由的道路，由他去行走。这是我想与所有家长共勉的。

这是一本实用性非常强的以"二十四节气"为主题的自然教育手册，每一个有兴趣的科学老师、语文老师或者其他学科老师，都能把它作为很好的教学辅助材料。

王西敏

上海辰山植物园科普部部长

"春雨惊春清谷天，夏满芒夏暑相连。秋处露秋寒霜降，冬雪雪冬小大寒。"提起二十四节气，我们眼前常常会浮现出童年的画面：也许是在北方大雪纷飞时的火炕上，也许是在江南繁花盛开的庭院里，或者是在田垄间，在绿荫下，在村口大树的枝丫上，在坑坑洼洼的街道上……脏兮兮的小伙伴，淳朴的邻居，憨厚实诚的爹妈，都告诉过我们关于节气的常识和故事。那是自然的教育，生命的教育，为我们人生打上底色的教育。从这个意义上讲，我们是真正的"自然之子"。

在互联网时代，孩子们获取知识的方式更便捷了，眼界和见识也大大拓宽了，可是他们却离大自然越来越远，和大自然接触的机会越来越少。由于对网络产品的过度依赖，现代儿童逐渐患上了一种隐秘的病症，叫"自然缺失症"。美国作家理查德·洛夫在《林间最后的小孩》一书中强调，"孩子就像需要睡眠和食物一样，需要和自然的接触"。儿童在大自然中度过的时间越来越少，从而导致了一系列行为和心理上的问题。

最生动的课堂，可能不在四面墙围成的教室里，而在万物峥嵘的天地间；最有意义的教材，可能不是手上那本权威教科书，而是来自大自然的生命启示；最优秀的老师，可能也不是学校里大众评选出的"最美教师"，而是四时之变和天地之道。因此，呼唤自然教育，倡导自然课程，成为当代教育的重要命题。

《阅读四时之美》这本书，便是时代呼唤的产物，是当代教育的一场"及时雨"，是自然教育的一种积极探寻。该书从文化习俗、物候观察、节气诗歌、实践活动等方面，对二十四节气进行了准确、全面、美好的呈现，可以让孩子们在其中感受美、发现美、习得美、展现美。

这是一本非常适合孩子自读、师生合读、亲子共读的自然教育读本。

孩子自读，可以体验精彩生动的二十四堂自然课。在浓绿的幽静山林中，去看炙热燃烧生命的春花，去看费尽心思只为远行的种子，去遇见自然的四时之美。

师生合读，可以在相互阅读、相互倾听、相互问答、相互感悟中，提高学生对自然的认知和理解，促进自然知识的内化，也增进师生间的情感。

亲子共读，可以调动彼此的生活经验，特别是父母童年的生活记忆，在与孩子共读、共思、共话中培养孩子的阅读习惯，营造良好的家庭氛围。

实际上，《阅读四时之美》是一本由老师和学生共同完成的书。书里有老师们编辑整理的二十四节气的有关知识、诗歌、习俗和活动等，也有孩子们亲笔记录的物候观察、用心绘制的插画。另外，这本书还有一个很重要的作者，那就是读到这本书的小读者！这本书给了小读者很大的创作空间，让他们可以跟随书里的老师和同学一起，观察、体验、记录并画下自己眼中的二十四节气，充分阅读四时之美。所以，这本书也是一份真诚的邀请，邀请读者一起参与到这本书的"再创作"之中，共同面对文化之真、人性之善和自然之美。

阅读此书，就是接受了一份美好的阅读邀请，就是走进了一个生动的自然课堂，就是回归到一种丰富的自然教育之中。

余孟孟
《新课程评论》编辑部主任

每一个季节都有自己的特点和性格，就连"着装"也各有各的不同。清明时节的扫墓祭祖，芒种时节的插秧点豆，冬至时节的美食进补……各个节气瞬间鲜活起来，无一不彰显中国古老的民族智慧。

季节之美，在二十四节气里流转；童心之美，在简静的诠释中凸现。我们的自然课堂以澄澈透明的童心，为大自然的美轮美奂点赞。我们的自然学堂课程面向学生完整的生活世界，引导学生从日常学习生活、社会生活和与大自然的接触中提出具有教育意义的活动主题，使学生获得关于自我、社会、自然的真实体验，建立学习与生活的有机联系。

为了让孩子们获得自然的真实体验，建立学习与生活的有机联系，我们从 2017 年开始在 2016 级 6 个班开出每周一课时的综合实践活动课，用来进行自然教育，4 年来，我校的自然课程实现了从 1.0 到 4.0 的升级迭代。

第一阶段的自然学堂课程内容为学生用五感体验自然，寻找校园物种。在真实的自然中学习，将抽象概念与具体经验有机结合，调动大脑的更多区域并与材料建立更牢固的联系。建立科学系统的生态观，培养积极的人文素养和自然素养。

第二阶段课程内容为系统地记录自然。为期两个学期的二十四节气校园内外观察，并记录校园内外的物候变化，用故事分享的方式带入课堂，加以历史与人文的调研，提升对社区与家乡的认同感。

第三阶段为项目式学习。我们完成了建造堆肥花园项目和校园绿地图项目。培养学生的生态道德品质，增强学生对家乡自然的了解与热爱，建立家乡自然荣誉感。

第四阶段是更深入的项目式学习。课程致力于培养学生的协作和创造力，通过项目式学习，以走进自然为目标，学习社会调研、小组协作确定创意主题，从校园自然出发，通过设计、制作、体验感官装置，引导学生通过分享自然美好，实现对社会的担当与自我成长。

孩子们在项目式学习的自然课堂里，参与自然、体验自然、扎根自然，有了脚踩泥土的踏实，融入自然的真实，为生态发声的务实，才能真正实现我们的育人初心："培养根植中华、行至世界的现代少年！"

王云霞

长沙市实验小学校长

"在我们学校，有这样一个课堂，它没有教室，草地、公园、田野便是我们的教室；它没有书本，花、草、树、木、虫、鸟、鱼便是我们的课本；它没有作业，用眼睛观察、用耳朵倾听、用手触摸便是我们的作业。"2019年的世界地球日，长沙市实验小学自然学堂的学生代表在升旗仪式上呼吁全校同学走进自然，这是1601班张艺萱的开场白。

在目前国内自然教育行业发展中，校园践行自然观察、自然农耕等主题的不少，但以可持续发展教育为核心，开展以体验、探索、分享为能力目标的项目式学习的自然教育组织不多。湖湘自然成立伊始，立志要走到孩子身边，坚守自然陪伴——我们决心，尽可能陪伴一个孩子3年的时间，频率不用很高，每周一次或半个月一次都可以，每次不用很久，一小时或者一天都可以，我们要分享孩子们对自然的好奇，陪伴孩子们自主探索，怀着感恩和敬畏，保持对自然的惊奇之心。

每周一节综合实践活动课，从二年级到五年级，我们有幸陪伴了长沙市实验小学2016级6个班近300位孩子4年的自然时光。从五感自然体验开始，孩子们在校园里找到了各种秘密花园，并做出了自己的"自然之书"；到二十四节气自然笔记，跟着节气阅读真实的自然，孩子们在学校官方微信平台上开设了"节气教室"专栏，收到许多未曾谋面的学生和家长的感谢；后来又花半学期时间做了自然感官装置，带同学们体验，今年受校长委托，孩子们已在积极构建学校的自然解说系统。北校区教学楼顶的花园终于也完工了，孩子们就在自然学堂学会了堆肥，期待着一起去建造屋顶花园。

在45分钟之内实现自然陪伴是很难的，有时候利用一节课很难去真正拜访自然。在户外时的风险管理是我们的头等大事，教室里孩子们讨论的声音太大会被隔壁班吐槽，在户外时遇到任何一个动物都需要先小心辨认是否有危险，有的家长反馈希望自然教育就是带孩子认识更多的自然物，有的家长反馈综合实践活动课有"难以完成"的户外实践作业。

但每一份自然陪伴都是有意义的,我们支持每一个独立而完整的生命的成长。2019年秋天,我收到了一位妈妈的"吐槽":"我崽哦!每天中午回来带个柚子,晚上回来带个柚子,窗台摆一长排,一边说着摆不下了,一边下次回来又带一个。干巴巴的柚子摆在阳台上丑死了,又怕长霉。"可能这是家长养育小孩时经常遇到的冲突吧——孩子们的宝贝,总是特别不符合成年人的标准。"问她为什么老带柚子回来,说是小区里的柚子树掉落的,她总是忍不住想要捡,只好挑一个最喜欢的带回来。我要带小崽出不了门,她每天中午都是自己去学校,听说她都要绕道走小区最远的路去学校,今天看这棵小树有没有长高,明天看那朵花结了什么果。我也管不了了,让她去吧,只要下午上课别迟到就好,听说她还带了一群孩子这样走……"这已经是满满的幸福和骄傲了,小朋友已经成为一位具有自主观察、独立思考、协作领导能力的社群意见领袖。

在自然滋养孩子们童年的同时,我们也被孩子和自然深深地滋养着。我们经常收到孩子们送给我们的礼物,用酸奶盒做花瓶的金丝桃花,用叠成爱心的纸包着的樱花花瓣,被园丁剪掉的杜鹃的枝条,一朵盛开的栀子花,一个蝴蝶的翅膀,一片特别漂亮的树叶,一个用树枝做的小人(说长得像老师)……社区绿地图课上,孩子们强烈推荐"八方山的赏花小径"是我上课前的秘密花园,因此还吃到了不少春夏时节的野果。

在自然里充分玩耍过的孩子们都十分快乐,这种快乐是怀着感恩、敬畏之心的,是充满接纳和担当的。在小区里孩子们带着弟弟妹妹们走进自然,玩各种课堂上玩过的游戏,给他们解说各种课堂上认识的自然;世界地球日孩子们主动申请在国旗下演讲倡导大家守护自然;劲草嘉年华上孩子们和国内生物多样性保护组织的资深专家一起向全社会分享孩子眼中的自然之美;

长沙市实验小学 60 周年校庆上孩子们用 18 个自然装置邀请所有的校友们感受校园的自然……

这其中不是没有眼泪的，当孩子在课上摔伤了胳膊，当孩子们把颜料撒在了地上被书记批评了，当孩子不被家长支持，但孩子举着石膏臂笑着说没事，当孩子擦干眼泪将装置搬到楼梯底下继续刷颜料，当孩子们在第二学期继续提出新的创意设计图，这些眼泪，都变成了珍珠。上学期的自然感官装置我有"特权"抽了好几个盲盒，直到过年的时候我才发现盲盒上的秘密——他们在美术课上设计了一个自然精灵，每个盲盒的角落里有穿着不同衣服做着不同动作的精灵。

感谢长沙市实验小学自然学堂的讲师团——乌冬、星星、白菜、辣椒、叶子，感谢一直陪伴和支持自然学堂的 2016 级老师们和科学组的所有老师们，感谢信任我们连续 4 年外聘自然讲师的校领导班子，感谢在课程实施中给予支持的远大工程师们、飘峰一所自然学校的老师们，感谢支持湖湘自然坚持走进学校的 SEE 潇湘中心和所有采购服务的学校，感谢每一位孩子家长的陪伴！

借用一句家长的话，以鼓励所有走进学校开展自然教育的伙伴们，鼓励所有扎根湖湘本土，坚守自然陪伴的伙伴们："我希望我的孩子每天回家时，衣服上有泥，眼里有光！"

感谢支持出版的湖南科学技术出版社的编辑老师们，愿本书能陪伴更多的孩子，在自然中自由快乐地成长！

谢敏

长沙市湖湘自然科普中心理事长

　　综合实践活动课程可以开展什么样的主题活动？具体该如何实施？如何将课堂教学与外出实践紧密结合？这是许多学校在综合实践活动课程实施过程中遇到的困惑。长沙市实验小学以二十四节气为探究内容，开展"阅读四时之美"的主题活动，由湖湘自然的导师带领孩子们经历了四年时间的探索与实践，总结出了活动实施的基本流程和方法。他们在活动实施过程中，做了一次让多元学科交融的尝试，从多个角度来开展二十四节气探究，如节气诗词是语文学科；物候观察是科学学科；绘制插画是美术学科；制作节气美食是劳动教育……这也正好体现了综合实践活动要综合运用各学科知识的特点。长沙市实验小学和湖湘自然合作将活动内容进行梳理，搜集和整理了孩子们在活动中的过程性资料，编辑成书。希望这样的主题活动能够被复制，更能够被不断创新。

　　如果您是一位老师，您可以借助这本书，带领班级的孩子们一起开展属于你们的二十四节气探究活动，当然，活动的主题也可以不叫"阅读四时之美"，请相信你们的孩子们，他们都很有创意，他们也一定愿意给自己的活动取一个不一样的名字。书中设计的活动，您也可以根据自己和孩子们的兴趣有选择性地开展。

　　如果您是孩子的父母，希望您可以和孩子共读这本书，更希望您和孩子一起带着书本走进自然，去发现并记录你们感受到的二十四节气。

　　如果您是一位可以独立阅读的读者，希望您在阅读这本书时能够更多地走出房间，走进自然。

　　在此，需要特别说明的是：这本书还有一个很重要的作者，那就是读到这本书的每一位读者，对了，就是此刻正在阅读这本书的您！这本书给了读者很大的创作空间，希望您跟随书里的老师和同学一起，观察、体验、记录并画下自己眼中的二十四节气,《四时手帐》就是每位读者亲自制作的一本书。

希望这本书可以陪伴每一位读者跟随时令节气,打开通往自然的大门,走进真实的生活,发现家乡之美,创造美好的自然生活。

编者

# 目录

立春

扫码听节气知识

## 物候阅读

　　"春雨惊春清谷天，夏满芒夏暑相连。秋处露秋寒霜降，冬雪雪冬小大寒。"同学们，对于这首节气歌，你一定非常熟悉吧？节气歌中的第一个"春"是指第一个节气"立春"。

　　生活在湘江边的我们，立春时节有许多特别的自然故事。每天在上学的路上、我们生活的社区，立春时节都有什么故事呢？让我们邀请爸爸、妈妈一起走进大自然吧！

　　下面，我们先来看看校园里的节气观察员们的发现！

　　立春时的长沙总是伴随着雨水，天气虽冷，植物们却已经感受到春天的气息，迫不及待地萌动了，大自然中散发着草木的清香。

- 时　　间：2月4日
- 地　　点：长沙市八方公园
- 天　　气：阴

　　野迎春的枝条上已经花儿朵朵，七八个黄色的小喇叭排开在枝头上，欢呼着春天的到来。

- 时　　间：2月4日
- 地　　点：长沙市八方公园
- 天　　气：阴

　　茶花也开了，还有一只不怕冷的小蜜蜂过来采花蜜呢！

- 时　　间：2月4日
- 地　　点：长沙市八方公园
- 天　　气：阴

　　望春玉兰等待了一个漫长的冬季，在光秃秃的枝干上抢先绽放出大朵大朵的花。

和爸爸、妈妈出去散步的时候，我也可以带上照相机，把我观察到的植物变化拍下来。

我还想和哥哥、姐姐一样，为我的照片配上文字说明。

## 你知道吗？

你知道立春是什么意思吗？问一问身边的长辈，或者查阅与二十四节气相关的书籍，还可以上网搜索，看看能不能完成下面的填空。

立春是一年当中的第_____个节气，我国古代将立春分为三候："一候_____，二候_____，三候_____。"立春之后，东风送暖，大地开始解冻，蛰居的虫类慢慢从洞中苏醒，河里的冰开始融化，鱼开始到水面上游动，这个时候水面上还有没完全融化的碎冰片，就像被鱼背着一样浮在水面。

## 立春的释义

"立"是"开始"的意思，从秦代以来，中国就一直以立春作为孟春时节的开始。人们常说"一年之计在于春"，春意味着风和日暖，鸟语花香，也意味着万物生长，农家播种。自古以来，中国从官方到民间都非常重视立春这个节气，在立春这一天"迎春"已经有三千多年历史。

## 延伸阅读

请看甲骨文的"春"字，它像不像一幅由太阳、萌发的种子和小草组成的图画呢？甲骨文的"春"字象征着经过了万物凋零的冬季，阳光回归，大地升温，地里的种子苏醒破壳、扎根生长，野草重新发芽吐绿。

## 节气诗词

### 清江引·立春

（元）贯云石

金钗影摇春燕斜，木杪生春叶。
水塘春始波，火候春初热。
土牛儿载将春到也。

你还可以搜集到与立春相关的诗词，并通过自己查找资料来读懂它吗？

## 🌱 立春的习俗

在古代，立春前一天，有两名艺人顶冠束带，叫作春史，他们沿街高喊"春来了"，俗称"报春"。无论什么人，见到春史都要作揖礼谒。一个穿青衣戴青帽的男孩站在田间敲锣打鼓，唱着迎春的赞词，然后到每家去报春，挨家挨户送上春牛图或迎春帖子，叫"送春"。各家各户摆上果品春盘，等待春的到来，敲锣打鼓将男孩拜请回家，叫"迎春"。在用红纸印的春牛图上，印着一年二十四个节气和人牵着牛耕地的图案，人们把它叫作"春帖子"。送春牛图，意在催促提醒人们一年之计在于春，要抓紧务农，莫误大好春光。

你还知道哪些立春的习俗呢？可以询问家里的长辈，看看自己的家乡有哪些立春的习俗和谚语，也可以上网搜索，看看全国不同地区有哪些不同习俗。

我们家乡的立春习俗：

我搜集到的与立春有关的谚语：

在搜集与立春有关的习俗时，你有没有发现，很多地方会在立春的时候做汤圆吃。汤圆是怎么做的呢？我们和家人一起来动手做一次经典的黑芝麻花生汤圆吧！

1. 把花生烤好去皮打碎，再把炒熟的黑芝麻打碎，放进碗中搅拌均匀。

2. 碗内加入白糖，再放些玉米油，不要太多，再次搅拌均匀。

3. 把糯米粉和成面团，为了让它更黏一些，可以先煮几个和好的糯米团，煮熟后放到生糯米粉中再加水一起和，这样效果更好。

4. 取一小块糯米面用手捏成皮，放入拌好的馅料，还可以加入些葡萄干，再把皮包起来就可以了。

5. 把包好的汤圆一个个地摆在一个盘子里，不要让它们粘连在一起。

6. 把汤圆放进烧开水的锅里煮，等到汤圆全都浮上来，就可以捞出来了。

听奶奶说，汤圆里面还可以包各种不同的馅，我也可以要奶奶教我做汤圆。

我妈妈煮汤圆的时候还会放上红枣，有时候还把水果也放进去，好看又美味。我们也来动手做一做吧！

 **活动总结**

　　和爸爸、妈妈一起做汤圆一定很有趣吧？自己做的汤圆味道怎么样？选择一张你做汤圆或者吃汤圆的照片（画一幅画也可以）贴在下面，并且配上一句话来写一写你当时在干什么，心情怎么样。

雨
水

扫码听节气知识

## 🌱 物候阅读

今年的雨水时节下雨了吗？不管有没有下雨，同学们都可以到大自然中去观察天气、动物、植物，感受大自然的美好。

- 时　　间：2月19日
- 地　　点：长沙市实验小学南校区后花园
- 天　　气：阴

雨水时节，阿拉伯婆婆纳开出了漂亮的花朵，它们在草地上随处可见，像是洒落在草地上发着蓝光的小星星。仔细看它们的花，好似一个天线宝宝，又似一个身着蓝裙的芭蕾舞女孩，非常迷人。

- 时　　间：2月19日
- 地　　点：长沙市实验小学南校区后花园
- 天　　气：阴

天葵经过寒冬的磨炼，变得更为顽强，在春雨的滋润下悄悄地在路旁冒出头来，为路边增加一抹清新，虽然也是三片小叶，但它可不是常见的三叶草哦。仔细观察，对比一下三叶草和天葵有什么不同。

- 时　　间：2月19日
- 地　　点：长沙市实验小学南校区后花园
- 天　　气：阴

雨后，乌鸫在后花园不紧不慢地散步，时而翻翻树叶，时而飞上枝头，寻找着美味的食物。

## 🌱 你知道吗？

你知道雨水节气有什么特点吗？并完成下面的填空。

雨水是一年当中的第_____个节气，我国古代将雨水分为三候："一候_____，二候_____，三候_____。"雨水节气时，水獭开始捕鱼了，它们将鱼摆在岸边，就像先祭后食的样子；大雁开始从南方飞回北方；在"润物细无声"的春雨中，草木开始抽出嫩芽。

## 🌱 雨水的释义

雨水，标示着降雨开始、雨量渐增，适宜的降水对农作物的生长很重要。进入雨水节气，我国北方阴寒未尽，一些地方仍在下雪，尚未入春，依然很冷；南方大多数地方则是春意盎然，一幅早春的景象。

## 🌱 延伸阅读

雨水节气，太阳的直射点也由南半球逐渐向赤道靠近了，这时的北半球，日照时长和强度都在增加，气温回升较快，来自海洋的暖湿空气开始活跃，并渐渐向北挺进，降雨量逐渐增多，但降雨多以小雨或毛毛细雨为主。

## 🌱 节气诗词

### 春夜喜雨

（唐）杜甫

好雨知时节，当春乃发生。
随风潜入夜，润物细无声。
野径云俱黑，江船火独明。
晓看红湿处，花重锦官城。

你还可以搜集到与雨水相关的诗词吗？

## 🌱 雨水的习俗

雨水是一个非常富有想象力和人情味的节气，在这一天，不管下不下雨都充满着一种雨意蒙蒙的诗情画意，人们也都在这一天以不同的形式祈求顺利安康。

### 回娘屋

雨水节回娘屋是流行于川西一带的风俗。民间，到了雨水节，出嫁的女儿纷纷带上礼物回娘家拜望父母。生育了孩子的妇女，须带上罐罐肉、椅子等礼物，感谢父母的养育之恩。

### 拉干爹

雨水节拉干爹的习俗流行于四川地区，取"雨露滋润易生长"之意，也叫"拉保保"，表达了父母希望子女健康平安成长的美好愿望。这一天想要给孩子拉干爹的父母会手提装好酒菜、香蜡、纸钱的篼篼，带着孩子在人群中穿来穿去找准干爹对象。被拉的人如果答应，便可以找地方焚香烧纸，让孩子向干爹行跪拜礼。接着，双方大人互道姓名住址，以"干亲家"相称，就地举酒祝愿。

你还知道哪些雨水的习俗呢？可以询问家里的长辈，看看自己的家乡有哪些雨水的习俗和谚语，也可以上网搜索，看看全国不同地区有哪些不同习俗。

## 🌱 实践活动

制作一个简易雨量计，连续七天测量你所在地区的降雨量，并对照"24 小时降雨量等级标准"确定降雨量等级。

| 日期 | | | | | | | |
|---|---|---|---|---|---|---|---|
| 降雨量 / 毫米 | | | | | | | |
| 降雨等级 | | | | | | | |

### 24 小时降雨量等级标准（单位：毫米）

| 等级 | 小雨 | 中雨 | 大雨 | 暴雨 | 大暴雨 | 特大暴雨 |
|---|---|---|---|---|---|---|
| 24 小时的降水量 | 0.1 ~ 9.9 | 10.0 ~ 24.9 | 25.0 ~ 49.9 | 50.0 ~ 99.9 | 100.0 ~ 249.9 | ≥ 250.0 |

根据你在表中记录的数据，制作一张降雨量柱状图。

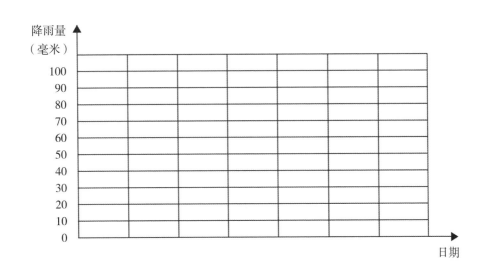

11

同学们，你在雨水时节还有什么新的发现，请将你的发现记录下来。

我的发现

惊蛰

扫码听节气知识

## 🌱 物候阅读

　　惊蛰节气，校园里的很多植物都开始发芽啦！让我们看看校园里的节气观察员们的发现吧！

- 时　间：3月6日
- 地　点：长沙市实验小学南校区
- 天　气：晴

　　杜鹃冒出了绿绿的嫩芽，摸起来很嫩很舒服。如果去摸去年的老叶子，会感觉像摸砂纸一样。

- 时　间：3月6日
- 地　点：长沙市实验小学南校区
- 天　气：晴

　　紫叶李的枝上冒出了红色的芽，圆圆的是花芽，尖尖的是叶芽，离开花已经不远啦。

- 时　间：3月6日
- 地　点：长沙市实验小学南校区
- 天　气：晴

　　明媚的阳光下，杨梅（雄株）树上挂满了花苞，像一串串紫色的小葡萄。在绿叶的映衬下显得十分好看。

## 你知道吗？

你知道惊蛰是什么意思吗？问一问身边的长辈，或者查阅与二十四节气相关的书籍，还可以上网搜索，看看能不能完成下面的填空。

惊蛰是一年当中第＿＿＿＿个节气。古人把惊蛰分为三候："一候＿＿＿＿＿，二候＿＿＿＿＿，三候＿＿＿＿＿。"从惊蛰日起，桃花开始开放；仓庚就是黄莺，惊蛰后五天，黄莺开始鸣叫；老鹰则渐渐淡出人们的视野，杜鹃鸟开始"布谷、布谷"地鸣叫。你见到过这些现象吗？要不我们一起去大自然里看看吧。

## 惊蛰的释义

每年太阳运行至黄经 345° 时即为惊蛰，一般在每年 3 月 5 日或 6 日，这时气温回升较快，渐有春雷响动，冬眠的动物也开始四处活动，万物复苏。

## 延伸阅读

惊蛰雷鸣最引人注意。从我国各地自然物候进程看，由于南北跨度大，全国各地春雷始鸣的时间迟早不一。南方大部分地区在雨水、惊蛰时就可以听到春雷初鸣，而华北、西北部除了个别年份以外，一般要到清明才有雷声。

## 节气诗词

### 春晴泛舟
（宋）陆游

儿童莫笑是陈人，湖海春回发兴新。
雷动风行惊蛰户，天开地辟转鸿钧。
鳞鳞江色涨石黛，嫋嫋柳丝摇麹尘。
欲上兰亭却回棹，笑谈终觉愧清真。

## 🌱 惊蛰的习俗

### 除虫

惊蛰之日，农民习惯在房屋四周和潮湿的地方撒石灰除虫。此外，各地还有一些特殊的"除虫"习俗，有的将鞭炮点燃，丢在房中和床下，曰"叭惊蛰"，有的在室内暗处点上油灯，并将写有"穿山甲在此"的纸笺张贴于各处，据说穿山甲吃虫蚁，这些习俗的用意都是祈愿当年不遭虫灾。

### 祭白虎

此习俗主要流传于广东一带。在古人心目中，老虎是既可怕又可敬的动物。蛰伏的动物被春雷惊醒后开始寻找食物，白虎也会从山中出来觅食，为了保一年平安，就要在惊蛰这天祭白虎。

### 蒙鼓皮

民间相传惊蛰是雷声引起的。古人想象雷神是位鸟嘴人身、长了翅膀的大神，一手持锤，一手连击环绕周身的许多天鼓，发出隆隆的雷声。惊蛰这天，天庭有雷神击天鼓，人间也利用这个时机来蒙鼓皮。

你还知道哪些惊蛰的习俗呢？可以询问家里的长辈，看看自己的家乡有哪些惊蛰的习俗和谚语，也可以上网搜索，看看全国不同地区有哪些不同习俗。

**惊蛰**节气的**习俗**你知道哪些？

你的家乡在惊蛰时节有什么习俗呢？记录下来吧。

调 查 人：　　　　　　班　　级：　　　　　　调查时间：

调查地点：　　　　　　受 访 人：　　　　　　支 持 人：

## 惊蛰习俗调研资料分类整理表

搜集资料的方法：＿＿＿＿＿＿＿＿＿＿＿＿＿＿＿＿＿

| 地区 | 生活习俗 | 来由 | 谚语 |
|---|---|---|---|
| 例：山西 | 吃梨 | 惊蛰后天气明显变暖，人们容易口干舌燥，吃梨有润肺止咳的功效。 | 惊蛰吃了梨，一年都精神。 |
| | | | |
| | | | |

 **活动总结**

在调研和整理资料时，你是怎么做的呢？可以在下面写下活动步骤和你的感受哦！

| 活动步骤 | |
|---|---|
| 我的感受 | |

春分

扫码听节气知识

## 物候阅读

　　春分过后，天气逐渐暖和起来，姹紫嫣红的春天终于到来。每天在上学的路上、我们的校园里，春分时节都有哪些有趣的故事呢？我们来看看校园里的节气观察员们的发现吧！

- 时　间：3月21日
- 地　点：长沙市实验小学南校区
- 天　气：晴

　　桂花树发芽了，树干上居然也长了小小的嫩绿色的芽。春风吹过，新鲜的嫩叶在向上、向外生长着。

- 时　间：3月21日
- 地　点：长沙市实验小学南校区
- 天　气：晴

　　一阵清风吹来，紫叶李的花瓣纷纷飞向地面，给地面铺上了一层雪白的地毯。捡起一朵，你会发现紫叶李的花瓣雪白雪白的，它的花蕊是玫红色的，闻起来有淡淡的香味。

- 时　间：3月21日
- 地　点：长沙市实验小学南校区
- 天　气：晴

　　一群虫子从土里飞了出来，大家都说这是什么呀，太吓人了，原来是白蚁到了婚飞的季节。

## 你知道吗？

春分是一年当中第_____个节气，我国古代把春分分为三候："一候_____，二候_____，三候_____。"简单说来就是春分过后，燕子便从南方飞回来了，下雨时也开始出现雷电。我们一起来观察下这段时间奇特的自然现象吧！

## 春分的释义

汉代董仲舒在《春秋繁露·阴阳出入上下》中记载："至于中春之月，阳在正东，阴在正西，谓之春分。春分者，阴阳相半也，故昼夜均而寒暑平。"春分这一天，太阳直射地球赤道。它的意义，一是指全球各地几乎昼夜等长，各为十二小时；二是古时以立春至立夏为春季，春分是春季九十天的中分点。

## 延伸阅读

春分过后，太阳直射点继续由赤道向北半球推移，北半球各地开始昼长夜短，南半球各地开始昼短夜长，故春分也称"升分"，古时又称为"日中""日夜分""仲春之月"。

## 节气诗词

### 咏廿四气诗·春分二月中
（唐）元稹

二气莫交争，春分雨处行。
雨来看电影，云过听雷声。
山色连天碧，林花向日明。
樑间玄鸟语，欲似解人情。

21

# 春分的习俗

## 春分竖蛋

在古代，人们会在春分这一天竖蛋，以此庆贺春天的来临，"春分到，蛋儿俏"的说法流传至今。

## 犒劳耕牛

春分时节，耕牛将要开始一年的辛苦劳作，主人以糯米团喂耕牛，期望耕牛可以耕好地，让自己可以种好粮，获得一年好收成。

## 粘雀子嘴

江南稻作地区在春分这一天，每家都要吃汤圆，同时把没有包心的汤圆煮好，用细竹签叉串着放在室外田边地坎，名曰"粘雀子嘴"，以避免雀子来破坏庄稼，表达了人们祈求丰收的美好愿望。

# 实践活动

春天在哪里呀？春天就在我们的身边——家门口、学校里、路边花坛里，你见过下面宾果卡上的花朵吗？让我们一起去找找吧！

小提示：在寻找时请耐心地比较，可以凑近一点哦！

我们怎么做自然观察呢？

开展自然观察需要准备什么呢？1支铅笔、1盒彩色铅笔或水彩笔、1张垫板。

1. 根据宾果卡上描述物种的线索找到观察的对象。

2. 用眼睛仔细观察，并用画笔画下它的外形。

3. 用彩笔涂上颜色。

4. 填写问题的答案。

5. 填写记录人、班级、记录时间等信息。

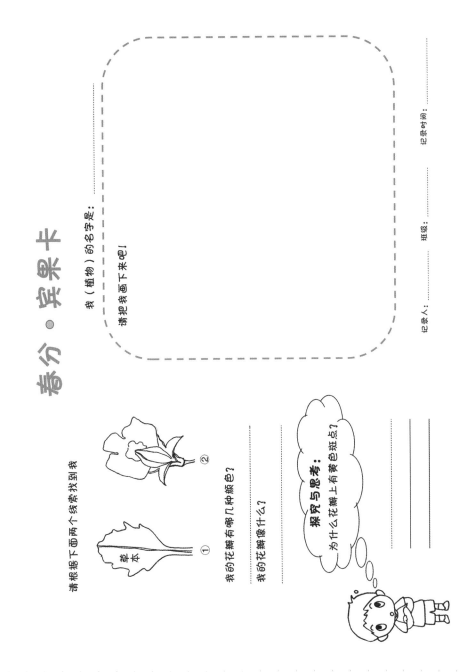

春分 · 宾果卡

我（植物）的名字是：

请把我画下来吧！

记录人：_____ 班级：_____ 记录时间：_____

请根据下面两个线索找到我

草本

①

②

我的花瓣有哪几种颜色？

我的花瓣像什么？

探究与思考：

为什么花瓣上有黄色斑点？

你在寻找和观察时，遇到了什么呢？可以在这里写下你的发现和心情哦！

我的发现：

我的心情：

清明

扫码听节气知识

## 🌱 物候阅读

"清明时节雨纷纷，路上行人欲断魂。"听到这两句诗，你是否想到另外一个节气了呢？对啦，它就是清明节！你知道吗，清明节是一个集节气和节日于一身的传统佳节，它还于 2006 年被列入第一批国家级非物质文化遗产名录了呢！在这个特殊的节气里，我们走进大自然，又会有哪些发现呢？一起来看看吧！

- 时　间：4 月 8 日
- 地　点：长沙市实验小学
- 天　气：晴

日本黑松的叶子刺刺的，松针有绿色的，还有棕色的。上面长满了一个个被啃光的"玉米棒"（雄花），"玉米棒"摸起来软软的。

- 时　间：4 月 8 日
- 地　点：长沙市实验小学
- 天　气：晴

微风轻轻吹过，枫杨的花序轻轻掉落下来，颜色嫩绿嫩绿的。从远处看，好像地上躺满了呼呼大睡的"毛毛虫"。

- 时　间：4 月 11 日
- 地　点：长沙市实验小学南校区
- 天　气：小雨

柚子的花苞像一个个小锤子，被雨水打得摇摇晃晃的。真是想不到，这么小的花未来会长出那么大的果实来。

为什么这个节气要叫"清明"呢？和家人朋友出游、踏青的时候一边欣赏美景一边问问你身边的家人朋友，看大家能不能在大自然中找到答案呢？

清明是一年当中的第_____个节气，我国古代将清明分为三候："一候_____，二候_____，三候_____。"泡桐（又名"白桐"）花开的日子恰好在清明之时，所以古人才以此作为清明节到来的标志。此时田鼠全回到了地下的洞中，消失不见了，而鹌鹑开始出来活动，因此古人误以为是田鼠变成了鹌鹑。清明来到之后，空气变得更加湿润，雨后的晴空也可能见到彩虹了。

## 清明的释义

清明节气在春分之后，共15天。在这个时候，冬天已去，春意盎然，天气晴朗，四野明净，大自然处处显示出勃勃生机。所以用"清明"称呼这个时期，是再恰当不过的了。《月令七十二候集解》说："三月节……物至此时，皆以洁齐而清明矣。"

## 延伸阅读

### 古人犯的"小迷糊"

你知道吗？古人对植物的分类向来很不讲究，将不同科属的梧桐、泡桐、油桐等都统称为"桐"，而在现代植物分类学中，油桐属于大戟科，泡桐属于玄参科，梧桐属于梧桐科。油桐开白花，泡桐开紫白二色花，梧桐则花小不足观，且在夏天开花。根据你的观察，你认为"桐始华"说的是哪种花呢？

## 节气诗词

### 清明

（唐）杜牧

清明时节雨纷纷，
路上行人欲断魂。
借问酒家何处有，
牧童遥指杏花村。

你是不是还知道很多关于清明节气的诗词？把它们搜集起来吧！

## 清明的习俗

清明节起源于上古时期我们祖先的信仰与春祭礼俗。上巳（三月的第一个巳日，俗称三月三）春浴的习俗，发源于周代水滨祓禊，后由朝廷主持，并派专人掌管此事，成为官定假日。《论语》中"暮春者，春服既成，冠者五六人，童子六七人，浴乎沂，风乎舞雩，咏而归"描述的就是这个场景。后来还有曲水流觞等活动。现代的清明节结合寒食节一起，大家祭拜先祖、郊游踏青，成了清明节最重要的活动。

你还知道哪些清明的习俗呢？可以询问家里的长辈，看看自己的家乡有哪些清明的习俗和谚语，也可以上网搜索，看看全国不同地区有哪些不同习俗。

## 实践活动

1. 雨后初晴，抬头望天，如果你足够幸运，你会遇见彩虹哦！你见过彩虹吗？把你见过的彩虹记录下来吧！

| | |
|---|---|
| 画一画：<br>你见到过的彩虹 | |
| 数一数：<br>彩虹的颜色有几种 | |
| 想一想：<br>彩虹一般出现在什么时候 | |

2. 你遇到美丽的彩虹了吗？如果没有也不要泄气，我们自己动手也可以制造出美丽的彩虹哦！赶快动手试一试吧！

准备材料：手电筒、三棱镜、白色底板（可用 A4 纸替代）

步骤：

（1）打开手电筒，让手电筒的光照在三棱镜上。

（2）把白纸放在镜子前面，接住三棱镜折射过来的光。

（3）旋转三棱镜，直到白色底板上面出现一道美丽的彩虹。

画一画：
你制造彩虹的示意图

画一画：
你制造出来的彩虹

说一说：
为什么会形成彩虹呢

活动总结

大自然中的神奇现象往往蕴含着许多的科学知识呢！将大自然中的彩虹和你的探究实验联系起来，用科学知识解释：雨过天晴，大自然中为什么会出现彩虹呢？

谷雨

扫码听节气知识

## 🌱 物候阅读

你知道春季最后一个节气是什么吗？是谷雨。谷雨一到，寒冷的天气就要和我们告别了，校园里的植物都换上了新装！走，一起去看看吧！

- 时　　间：4月23日
- 地　　点：长沙市实验小学南校区
- 天　　气：晴

碧绿的罗汉松悄悄地冒出了一颗颗浅绿色的"米粒"（雄花球），树上长满了红色和绿色交错的嫩叶，像红心柚的果肉。

- 时　　间：4月23日
- 地　　点：长沙市实验小学南校区
- 天　　气：晴

无刺枸骨的花朵弥漫着淡雅的清香，开得早的花朵已经长出小小的果实，像极了猕猴桃。捡一粒地上的果实轻轻地掰开，里面又像苹果的果肉。

- 时　　间：4月23日
- 地　　点：长沙市实验小学南校区
- 天　　气：晴

红枫的果实上有一对薄薄的小翅膀，粉嫩粉嫩的，就像一只小小的红色竹蜻蜓。风儿一吹，它可以带着种子乘风远行。

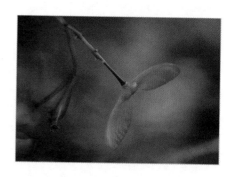

## 你知道吗？

为什么这个节气要叫"谷雨"呢？坐在窗前，听着淅淅沥沥的春雨打落窗台的声音，和爸爸、妈妈讲述关于谷雨的故事吧！

谷雨是一年当中的第＿＿＿＿个节气，我国古代将谷雨分为三候："一候＿＿＿＿，二候＿＿＿＿，三候＿＿＿＿。"谷雨时节，寒潮天气基本结束，浮萍开始生长；鸟类也到了繁殖季节，杜鹃换上了美丽的繁殖羽并开始鸣叫求偶，戴胜也在桑树树洞里筑巢产卵。

## 谷雨的释义

谷雨，源自古人"雨生百谷"之说。谷雨是春季最后一个节气。谷雨节气的到来意味着寒潮天气基本结束，气温回升加快，有利于谷类作物的生长。民间俗谚"春雨贵如油"说的就是谷雨。

## 延伸阅读

据《淮南子》记载，仓颉造字是一件惊天动地的大事。黄帝于春末夏初发布诏令，宣布仓颉造字成功，并号召天下臣民共习之。这一天，下了一场不寻常的雨，落下无数的谷米，后人因此把这天定名"谷雨"，成为二十四节气中的一个。

## 节气诗词

### 咏廿四气诗·谷雨三月中
#### （唐）元稹

谷雨春光晓，山川黛色青。
叶间鸣戴胜，泽水长浮萍。
暖屋生蚕蚁，喧风引麦葶。
鸣鸠徒拂羽，信矣不堪听。

> 你是不是还知道很多关于谷雨节气的诗词？把它们搜集起来吧！

## 谷雨的习俗

传说在黄帝时代，仓颉造字功劳重大，上天想要赏赐仓颉，仓颉却什么也不要，只要五谷丰登，让天下的老百姓都有饭吃。结果在第二天真的满天落下谷粒。黄帝便把下谷子雨这天作为一个节日，叫作"谷雨节"。后人为了缅怀和祭祀文字始祖仓颉，便在谷雨这一天在仓颉庙举办庙会。谷雨时节，大家采食香椿、禁杀五毒、烹制谷雨茶，与自然相融合，祈求强身健体，丰收平安。

你还知道哪些谷雨的习俗呢？可以询问家里的长辈，看看自己的家乡有哪些谷雨的习俗和谚语，也可以上网搜索，看全国不同地区有哪些不同习俗。

## 实践活动

谷雨后降雨量增多，浮萍开始生长，浮萍因为浮于水面与水相平，被称为"浮萍"。请你到大自然中，寻找一撮浮萍养在透明的水瓶中，观察浮萍的生长情况并做好记录。

温馨提示：寻找浮萍需要爸爸、妈妈的陪同哟！安全第一！

### 浮萍生长的观察记录

| 时间 | 天气、温度 | 浮萍数量 | 浮萍的模样（文字） | 画笔下的浮萍（图画） |
|---|---|---|---|---|
|  |  |  |  |  |
|  |  |  |  |  |
|  |  |  |  |  |
|  |  |  |  |  |

通过观察浮萍数量的变化，你发现了什么规律呢？询问或查找资料了解什么是"无性繁殖"吧！和爸爸、妈妈讨论一下浮萍属于无性繁殖吗？

一候萍始生
二候鸣鸠拂其羽
三候戴胜降于桑

你知道吗？茶园最美之时是谷雨。想象一下，站在茶园之中，满眼的绿和满心的香，闭上眼睛，听风在耳旁呼呼地吹，是一件多么惬意的事情。和爸爸、妈妈一起来一场茶园之旅吧！采一篓一叶一心或两叶一心的嫩芽，体验一下从嫩芽到茶叶的制作过程，你会感受到劳动人民无穷的智慧！

立夏

扫码听节气知识

立夏到了，校园里的树木都长得枝繁叶茂，小虫子们都出来活动啦，让我们跟随校园里的节气观察员们去感受大自然的美妙吧！

- 时　　间：5月3日
- 地　　点：长沙市实验小学南校区后花园
- 天　　气：晴

在一片草地上长出了几株车前草，花序就像小狗尾巴草，上面开满了花，花细细的、小小的，像真菌丝。

- 时　　间：5月3日
- 地　　点：长沙市实验小学南校区后花园
- 天　　气：晴

柳树上长满了苔藓，苔藓上长出了一些孢子，像一只只长颈鹿在草丛里探出头来。

- 时　　间：5月3日
- 地　　点：长沙市实验小学南校区后花园
- 天　　气：晴

海桐中间长出了黄色的"喇叭"，闻一闻，香极了。

## 你知道吗？

你知道立夏是什么意思吗？看看你能不能自己想办法完成下面的填空。

立夏是一年当中的第_____个节气，夏季的第_____个节气，我国古代将立夏分为三候："一候_____，二候_____，三候_____。"意思是说这一节气中首先可听到蝼蛄和蝈蝈在田间鸣叫，接着可以看到蚯蚓掘土，然后王瓜的藤蔓开始快速攀爬生长。

## 立夏的释义

《月令七十二候集解》："立夏，四月节。立字解见春。夏，假也。物至此时皆假大也。"在天文学上，立夏表示即将告别春天，是夏天的开始。人们习惯上都把立夏当作是气温明显升高，炎暑将临，雷雨增多，农作物进入生长旺季的一个重要节气。

## 延伸阅读

枫杨，胡桃科枫杨属植物。它在我国华北、华中、华东、华南和西南各地均有分布。

枫杨幼树树皮平滑，浅灰色，老时则深纵裂。其小枝灰色至暗褐色，具灰黄色皮孔，叶多为偶数或稀奇数羽状复叶，花序轴常有稀疏的星芒状毛。其果序轴常被有宿存的毛，果实长椭圆形，果翅狭，条形或阔条形，具近于平行的脉。生于海拔 1500 米以下的沿溪涧河滩、阴湿山坡地的林中，被人们广泛栽植用作园景树或行道树。

立夏节气，万物欣欣向荣，枫杨也茁壮成长。小朋友，你可以看一看、摸一摸枫杨的树皮和果实，把你的观察记录下来吧！

### 山亭夏日

（唐）高骈

绿树阴浓夏日长，
楼台倒影入池塘。
水晶帘动微风起，
满架蔷薇一院香。

> 夏季是植物生长最繁茂的季节。诗人笔下这幅色彩鲜丽、生机盎然的夏日风光画，在你的身边是不是能见到呢？你还可以搜集到与立夏相关的诗词吗？

## 🌱 立夏的习俗

### 挂蛋

"挂蛋"是立夏常见的习俗之一。俗话说"立夏胸挂蛋，孩子不疰夏"。立夏这日，人们将熟鸡蛋放入用彩线编织的蛋套中，挂在孩子胸前，传说可以驱赶病魔。

### 斗蛋

"立夏吃蛋，石头踩烂"，鸡蛋还是立夏时节重要的游戏道具，可以进行斗蛋游戏哦！蛋头斗蛋头，蛋尾击蛋尾。一个一个斗过去，破者认输，最后分出高低。蛋头胜者为第一，称大王；蛋尾胜者为第二，称小王或二王。

### 称人

立夏"称人"的习俗，起源于三国时期。传说刘备死后，诸葛亮把他儿子阿斗交给赵子龙送往江东，并拜托其后妈、已回娘家的孙夫人抚养。那天正是立夏，孙夫人当着赵子龙的面给阿斗称了体重，来年立夏再称一次看体重增加多少，再写信向诸葛亮汇报，由此形成流传民间的风俗。据说这一天称了体重之后，就不怕夏季炎热，不会消瘦。

你也记下今天的体重，立秋的时候再来比一比吧。

#### 立夏称重记录卡

| 姓名 | 日期 | 体重 |
| --- | --- | --- |
|  |  |  |

## ↣实践活动

　　立夏时节，当我们走进田间地头时，便能看到一派万物生长、欣欣向荣的景象。了解一个节气，最棒的方法便是走进自然去观察、去体验。所以，立夏节气，同学们可以走进充满生机的农家菜园，去看看菜园里蔬菜的生长情况，并把你观察和了解到的内容记录下来。

### 立夏节气蔬菜调查卡

调查人：　　　　　　　班级：　　　　　　　　调查时间：
调查地点：　　　　　　受访人：　　　　　　　支持人：

| 名称 | 生长状况（发芽、开花、结果等） | 食用部位 |
| --- | --- | --- |
|  |  |  |
|  |  |  |

画一画
今天你采摘了什么蔬菜呢？尝试把你采摘的蔬菜画下来吧！

菜园里的蔬菜需要经历哪些过程才能被摆上餐桌呢？请把你的观察和访问内容小结一下吧！

小满

- 时　间：5月16日
- 地　点：长沙市实验小学南校区后花园
- 天　气：晴

　　柳树的树皮上长出了一簇簇气生根，有的像海胆，有的像竹笋，可爱极了。

- 时　间：5月16日
- 地　点：长沙市实验小学南校区后花园
- 天　气：晴

　　在一棵又大又粗的柳树下，长出了许多真菌，半黄半白，摸起来软软的，它们是小昆虫的雨伞吗？

- 时　间：5月16日
- 地　点：长沙市实验小学南校区后花园
- 天　气：晴

　　一年蓬开了许多美丽的花，它的花像一个个小太阳，有的花瓣全开了，露出了嫩黄色的"小莲蓬"。

## 你知道吗？

　　小满是一年当中的第_____个节气，我国古代将小满分为三候："一候_____，二候_____，三候_____。"意思是小满节气后，苦菜已经枝繁叶茂；之后，一些喜阴的枝条细软的草类在强烈的阳光下开始枯死；在小满的最后几天，麦子开始成熟。

## 小满的释义

　　小满是夏季的第二个节气，一般在 5 月 20 日至 22 日。小满的意思是北方地区夏季农作物的籽开始灌浆饱满，但还没成熟。在南方地区用"满"来形容雨水的丰盈，小满是适合水稻种植的季节，如果小满时田里蓄不满水，就可能造成田坎干裂。

## 延伸阅读

### 小满节气经典农谚

小满桑葚黑，芒种小麦割。

小满前后，种瓜种豆。

小满十日满地黄。

小满割不得，芒种割不及。

小满好插田，芒种快种豆。

小满种棉花，秋后不归家。

　　小朋友们，读一读这些小满节气农谚，想一想你观察、调查和了解到的小满农事与农谚里表达的有哪些异同。

## 节气诗词

### 小满

左河水

江南沃野过插秧，

江北麦麸便灌浆。

西子湖边人好客，

茶商脚走款丝商。

从这首诗里，你能读到南方和北方小满时节的农事，有哪些不一样呢？

45

# 🌱 小满的习俗

## 祭车神

小满时节雨水充沛，江河至此小得盈满，古时灌溉的工具主要是水车，水车车水排灌为农耕大事，水车在小满时启动。祭车神是一些地区古老的小满习俗。

## 祭蚕

相传小满为蚕神诞辰，因此江浙一带在小满节气期间有一个"祈蚕节"。蚕丝需靠养蚕结茧抽丝而得，所以我国南方农村养蚕极为兴盛。蚕很难养，气温，湿度，桑叶的冷热、干湿等均影响蚕的生存。为了祈求养蚕有个好的收成，人们在放蚕时节举行祈蚕节，也就是祭蚕。

## 吃苦菜

苦菜是中国人最早食用的野菜之一。小满时节，苦菜繁茂。苦菜，苦中带涩，涩中带甜，新鲜爽口，清凉嫩香，营养丰富。

小满节气，气温宜人，植物蓬勃生长，正是去农场开展调查研究的好时候。这个时候的农场里，哪些植物是刚种下的？哪些植物结果了？哪些植物开花了？农民伯伯们正在忙些什么？请你到农场或者乡村里走一走并记录下来，画一幅农事图吧！

### 小满节气的农事调研卡

时间：　　　　　　　　　　农场（乡村）名：

调研人员：　　　　　　　　受访人：

| 农事名称 | 使用工具 | 具体作用 |
| --- | --- | --- |
|  |  |  |
|  |  |  |

画一画：
尝试把你在农场或者乡野田间看到的农民伯伯做农事的场景用画笔记录下来吧！

47

 **活动总结**

请和农民伯伯聊一聊，现代化工具给农事活动带来了什么变化，把你访谈的内容记录下来，并记录你的思考。

## 物候阅读

芒种到来，校园里的动植物会发生什么变化呢？来吧，跟随本期节气观察员的脚步去感受校园节气变化和自然之美吧！

- 时　间：6月6日
- 地　点：长沙市实验小学南校区
- 天　气：阴

牛奶草（斑地锦）是深绿色的，现在已经结果了，它的叶子小小的，茎长长的，当我们把茎轻轻掐断时，会流出乳白色的水，所以我们叫它"牛奶草"。

- 时　间：6月6日
- 地　点：长沙市实验小学南校区
- 天　气：阴

麦冬开花了！它有六片小小的花瓣，白白的。中间的花蕊可香啦，有一种香水的味道。这娇小玲珑的小花开在绿油油的草丛里可亮眼了！我可喜欢这种小花了！

- 时　间：6月6日
- 地　点：长沙市实验小学南校区
- 天　气：阴

在芒种即将来临的黄梅雨季，小昆虫也依靠湿气而受形，你看，一壳百子的螳螂宝宝们靠湿气陆陆续续地诞生了。

## 你知道吗？

你知道芒种是什么意思吗？问一问身边的长辈，或者查阅与二十四节气相关的书籍，还可以上网搜索，完成下面的填空。

芒种是一年当中的第_____个节气。我国古代将芒种分为三候："一候_____，二候_____，三候_____。"在芒种时节，螳螂在去年深秋产的卵孵化出了小螳螂；伯劳鸟出现在枝头并开始鸣叫；乌鸫能够仿效别的鸟叫，又叫作反舌鸟，此时已经听不到它的声音了。

## 芒种的释义

芒种一词中的"芒"是指一些有芒的作物，如稻、黍、稷等；"种"，一为种子的"种"，一为播种的"种"。芒种的含义是："有芒之谷类作物可种，过此即失效。"芒种一般在6月5日至7日之间的一天，到了芒种时节的一天，我国南方的水稻等谷类作物要开始栽培，北方开始收割麦子。

## 延伸阅读

### 芒种——忙碌的农人

芒种期间雨量充沛，气温显著升高。我国绝大部分地区的农业生产处于"夏收、夏种、夏管"的"三夏"大忙季节。

忙夏收。因为小麦已经成熟，若遇连雨天气，甚至冰雹灾害，会使小麦无法及时收割，所以必须抓紧一切有利时机抢割、抢运、抢脱粒。

忙夏种。因为大豆、玉米等夏种作物的生长期有限，为保证在秋霜前收获，必须提早播种栽插，才能获得较高产量。

忙夏管。因为芒种节气后雨水渐多，气温渐高，棉花、春玉米等春种的庄稼已进入需水需肥的生长高峰期，不仅要追肥补水，还需除草和防病治虫。

所以，芒种节气该做什么？忙起来就对了！

## ❧ 节气诗词

### 咏廿四气诗·芒种五月节
(唐)元稹

芒种看今日，螗螂应节生。
彤云高下影，鹈鸟往来声。
渌沼莲花放，炎风暑雨情。
相逢问蚕麦，幸得称人情。

你还可以搜集到与芒种相关的诗词吗？

## ❧ 芒种的习俗

### 打泥巴仗

贵州东南部一带的侗族青年男女，每年芒种前后都要举办打泥巴仗节。当天，新婚夫妇由要好的男女青年陪同，集体插秧，边插秧边打闹，互扔泥巴。活动结束，检查战果，身上泥巴最多的就是最受欢迎的人。

### 安苗

安苗是皖南的农事习俗活动，始于明初。每到芒种时节，种完水稻，为祈求秋天有个好收成，各地都要举行安苗祭祀活动。家家户户用新麦面蒸发包，把面捏成五谷六畜、瓜果蔬菜等形状，然后用蔬菜汁染上颜色，作为祭祀供品，祈求五谷丰登、村民平安。

### 煮梅

在南方，每年五六月是梅子成熟的季节。三国时有"青梅煮酒论英雄"的典故。青梅营养丰富，但是，新鲜梅子大多味道酸涩，难以直接入口，需加工后方可食用，煮梅便是一种很常见的加工方式。

芒种前后，到处都是一片繁忙的景象。北方的冬小麦等夏收作物已经成熟，等待收割，田野里开始弥漫新麦的清香。南方的稻田里也已是一片怡人的新绿，农民伯伯们都在忙着栽插水稻秧苗。

你知道芒种前后还能种植哪些作物吗？你可以利用周末，来到田间地头采访农民伯伯，也可以到互联网上搜索相关资料，并完成下面的调查报告。

### 调查报告

| 调查目的 | 了解芒种前后适合种植哪些作物 |
|---|---|
| 调查时间 | |
| 调查方式 | （　）访谈法　　（　）观察法　　（　）查找文献资料 |

调查结果

53

**活动总结**

　　你在调查芒种前后适合种植哪些作物时，有什么新的发现和感受，把它记录下来，和小伙伴们一起分享吧！

夏至

扫码听节气知识

## 🌱 物候阅读

夏至到了，跟随本期节气观察员的脚步去感受校园节气变化和自然之美吧！

- 时　间：6 月 21 日
- 地　点：长沙市实验小学南校区
- 天　气：晴

树上结了许多柚子，巴掌大小，青色的，要用小刀才能切开。里面的果肉只有大拇指小，皮很厚，味道很酸。

- 时　间：6 月 21 日
- 地　点：长沙市实验小学南校区
- 天　气：晴

鸡爪槭现在是满树的绿色。

- 时　间：6 月 21 日
- 地　点：长沙市实验小学南校区
- 天　气：晴

以前罗汉松的嫩叶摸起来软软的，现在叶子长长了，变硬了，还长出了绿色的种子。我有一个小小的发现。罗汉松已经结了一些小小的果实了，可惜的是一些叶片上有许多蚜虫，说不定是要吃它的果实，那可就大事不妙了！

　　夏至是一年当中的第_____个节气。中国古代将夏至分为三候："一候_____，二候_____，三候_____。"鹿角是鹿科动物典型的性二型特征，它主要可用于繁殖期间雄性争夺繁殖权利和雌性选择雄性的装饰象征，梅花鹿等鹿科动物在夏至时节经过了繁殖期，此时便开始脱掉鹿角，减轻身体的负担。在夏至后，原本生活在地下的知了若虫也爬出地面羽化为成虫，奋力地振动翅膀鸣叫。半夏是一种药草，在仲夏之时，半夏块茎成熟，已经可以采集了，因此得名"半夏"。

## ✿夏至的释义

　　夏至是最早被确定的一个节气，日期在每年公历 6 月 20 日至 22 日之间的一天。夏至在中国古代是很重要的节气，辽代的夏至日谓之"朝节"，宋代百官还会在夏至时放假三天，清代的夏至日全国放假一天。

## ✿延伸阅读

　　夏九九是以夏至那一天为起点，每九天为一个九，每年九个九共八十一天。我们一起来读一读在湖北省老河口市一座禹王庙正殿的榆木大梁上发现的《夏至九九歌》，它生动形象地反映了时间与物候的关系。

夏至入头九，羽扇握在手；
二九一十八，脱冠着罗纱；
三九二十七，出门汗欲滴；
四九三十六，卷席露天宿；
五九四十五，炎秋似老虎；
六九五十四，乘凉进庙祠；
七九六十三，床头摸被单；
八九七十二，子夜寻棉被；
九九八十一，开柜拿棉衣。

## ✿节气诗词

### 竹枝词

（唐）刘禹锡

杨柳青青江水平，闻郎江上唱歌声。
东边日出西边雨，道是无晴却有晴。

> 你还可以搜集到与夏至相关的诗词吗？小组之间来个赛诗会吧！

## 夏至的习俗

### 吃夏至面

"冬至饺子夏至面"，北京人在夏至这天讲究吃面。按照老北京的风俗习惯，每年一到夏至节气就可以大吃生菜、凉面了，因为这个时候气候炎热，吃些生冷之物可以降火开胃，又不至于因寒凉而损害健康。

### 祭神祀祖

夏至时值麦收，自古以来就有在此时庆祝丰收、祭祀祖先之俗，以祈求消灾年丰。因此，夏至作为节日，纳入了古代祭神礼典。《周礼·春官》记载："以夏日至，致地方物魈。"周代夏至祭神，意为清除荒年、饥饿和死亡。夏至日正是麦收之后，农民既感谢天赐丰收，又祈求获得秋报。

### 消夏避伏

夏至日，妇女们互相赠送折扇、脂粉等礼物。《酉阳杂俎·礼异》记载："夏至日，进扇及粉脂囊，皆有辞。"扇，借以生风；粉脂，用之涂抹，散体热所生浊气，防生痱子。在朝廷，夏至之后，皇家则拿出冬藏夏用的冰消夏避伏，从周代始，历朝沿用。

## 🌱 实践活动

**✿❀绘制消暑扇❀✿**

　　夏至气温升高，一年中最热的时期就要到了。暑热难耐，我们可以一起绘制一把扇子，体验创作的乐趣，还可带来清凉。圆面扇或折扇兼可，水墨、水彩、线描等，多种创作形式任你选择。

**任务卡**

| 消暑扇制作项目 | 组内分工 |
|---|---|
| 1. 准备扇子 | |
| 2. 设计扇面 | |
| 3. 绘制扇面 | |
| 4. 作品简介 | |

　　心灵手巧的同学们可以在设计扇面时加入夏至的诗词、风俗简介等内容哦！

**活动总结**

实践活动后，让我们分小组合作完成实践资料整理，在班级交流。

### 小组合作交流信息收录单

| 小组成员姓名 | 实践项目 | 交流形式 | 备注 |
| --- | --- | --- | --- |
|  |  |  |  |
|  |  |  |  |
|  |  |  |  |
|  |  |  |  |

通过这次夏至的节气实践小组合作活动，你有哪些收获？也可以晒晒你的作品和实践图片。

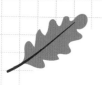

小暑

扫码听节气知识

## 🌱 物候阅读

小暑到了，跟随本期节气观察员的脚步去感受校园节气变化和自然之美！

- 时　间：7月7日
- 地　点：长沙市八方小区内
- 天　气：晴

小区里的树上出现了许多棕色的东西，我一开始不知道是什么，走近一看，原来是蝉蜕，吓了我一跳。

- 时　间：7月7日
- 地　点：长沙市八方小区内
- 天　气：晴

天气越来越热了，蝉也开始不停地演唱了，那美妙动听的歌声，我在三楼都听得到。越来越多的小动物出来玩了！

- 时　间：7月7日
- 地　点：长沙市八方小区内
- 天　气：晴

乌鸫长着黑色的羽毛，嘴巴是淡橙色的，它总是在后花园的土里啄来啄去，啄了半天，然后叼着一条蚯蚓飞走了。

## 你知道吗?

　　小暑是一年当中的第_____个节气。古代将小暑分为三候："一候_____，二候_____，三候_____。"小暑日后，大地上便不再有一丝凉风，所有的风中都带着热浪；五日后，由于炎热，蟋蟀离开了田野，到庭院的墙角下避暑热；再过五日，老鹰乘热气流盘旋上升，在高空中翱翔。

## 小暑的释义

　　小暑是干支历午月的结束以及未月的起始；公历每年7月7日或8日太阳到达黄经105°时为小暑。暑，表示炎热的意思，小暑为小热，还不是十分热。

## 延伸阅读

　　读一读小暑的天气谚语，这是劳动人民经过常年的细致观察总结出的经验，也许你也会成为一个神奇的天气预报员！

一夜起雷三日雨。

先动雷声无大雨，后动雷声雨凄凄。

早晨雾浓一日晴。

早晨下雨一天晴，晚上下雨到天明。

久雨大雾晴，久旱大雾雨。

大风夜无露，阴天夜无霜。

日出胭脂红，无雨便是风。

月亮被圈套，定有大风到。

星星稀，披蓑衣；星星密，晒脱皮。

日若当午见，三天不见面。

## 节气诗词

### 久雨六言四首·其四

（宋）刘克庄

平陆莽为巨浸，晴空变作漏天。

明朝是小暑节，重霉必大有年。

　　还有唐代武元衡的《夏日对雨寄朱放拾遗》、宋代秦观的《纳凉》都展示了小暑的节气特点，我们可以找来读一读。

# 小暑的习俗

## 小暑食新

小暑的到来，意味着夏季高温天气即将开始。为了应对即将到来的炎热气候，同时表示对最早一轮谷物收获的感恩，逐渐形成"食新""祭祀五谷大神"等习俗。"食新"即在小暑过后尝新米，农民将新收割的稻谷碾成米后，做好饭供祀五谷大神和祖先，表示对大自然以及祖先的感恩。

## 喝消暑汤或粥

热在三伏，小暑是进入伏天的开始，天气热的时候要多喝粥，用荷叶、土茯苓、扁豆、薏米、猪苓、泽泻或木棉花等煲成的消暑汤或粥，或甜或咸，都非常适合此节气食用。

## 晒书画、衣服

小暑时节，民间还有晒书画、衣服的习俗。民谚有云，"六月六，人晒衣裳龙晒袍"，"六月六，家家晒红绿"。"红绿"就是指五颜六色的各种衣服。很多人会选择小暑这天"晒伏"，把存放在箱柜里的衣服晾到外面接受阳光的曝晒，以除潮，去湿，防霉防蛀。

观察蟋蟀辨雌雄

古人将斗蟋蟀当作夏天的娱乐活动，这个时候的蟋蟀活动旺盛，尤其是夜半时分很容易听见它们清脆的鸣叫声。我们一起去户外听听蟋蟀是怎样唱歌的吧！

**任务卡：**

1. 辨别蟋蟀的雌雄。

小提示：雌蟋蟀有产卵器，从外表上看，雌蟋蟀有三根尾须，中间一根是长的，就是产卵器。雄蟋蟀没有中间那根长尾须，只有两根短的。

2. 录下蟋蟀的叫声。

**资料卡：**

蟋蟀在以下三种情况下会发出叫声：

1. 求偶，这时叫声最大。

2. 战斗前的叫声，有一部分蟋蟀在见到敌手后，会先发出叫声起威慑作用，以期吓退敌手。

3. 战胜敌手后的叫声，此时的叫声最为雄壮有力。

 **活动总结**

1.记录你们小组实践活动的情况，组内交流整理，完成活动总结表。

| 实践活动项目 | 活动流程 | 小组成员名单 |
| --- | --- | --- |
|  |  |  |
|  |  |  |
| 活动心得 |  |  |

2. 晒一晒你和你们小组实践活动的照片。

大暑

扫码听节气知识

### 🌱 物候阅读

大暑到了，跟随本期节气观察员的脚步去感受暑假期间的大暑节气吧！

- 时　间：7月23日
- 地　点：长沙市飘峰一所自然学校
- 天　气：晴

　　我和伙伴们来到了飘峰一所自然学校开展实践活动，池塘里面的荷花盛开，有些莲蓬也悄然成熟了。

- 时　间：7月23日
- 地　点：长沙市飘峰一所自然学校
- 天　气：晴

　　今天天气酷热。在实践基地，我和妈妈在老师的指导下，用板蓝根作染料，扎染了T恤。这种手工扎染的衣服，每件的花纹都不一样。老师说，这种衣服穿着还可以防蚊。

- 时　间：7月23日
- 地　点：长沙市飘峰一所自然学校
- 天　气：晴

　　晚上，我们在路边的草丛中，捉到了一只萤火虫。

## 你知道吗？

大暑是一年当中的第_____个节气，也是夏季的最后一个节气。我国古代将大暑分为三候："一候_____，二候_____，三候_____。"这一节气中，夜间开始有萤火虫飞舞，古人认为萤火虫是草腐烂后所变，但其实萤火虫是由其幼虫羽化而来。此时，有大量来自海洋的湿暖气流吹来，天气开始变得闷热，土地也很潮湿，并且经常出现强对流天气，产生雷雨。

## 大暑的释义

"暑"是炎热的意思，大暑，指炎热至极。大暑相对小暑，更加炎热，是一年当中日照最多、最炎热的节气，"湿热交蒸"在此时到达顶点。

## 延伸阅读

2017 年，中国气象局国家气候中心发布榜单，通过综合分析中国省会城市和直辖市的气象资料，首次向公众公布中国夏季炎热城市情况，综合分析的结果是，夏季炎热程度靠前的 10 个省会城市和直辖市分别为：重庆、福州、杭州、南昌、长沙、武汉、西安、南京、合肥、南宁。

## 节气诗词

### 销夏

（唐）白居易

何以销烦暑，端居一院中。
眼前无长物，窗下有清风。
热散由心静，凉生为室空。
此时身自得，难更与人同。

你读懂这首诗的意思了吗？如果遇到不懂的字词，你可以自己想办法解决吗？

## 🌱 大暑的习俗

### ❀❀❀ 送大暑船 ❀❀❀

大暑时节，浙江台州沿海有送"大暑船"活动。渔民轮流抬着"大暑船"在街道上行进，鼓号喧天，鞭炮齐鸣，街道两旁站满祈福的人群。"大暑船"最终被运送至码头，进行一系列祈福仪式。随后，这艘"大暑船"被渔船拉出渔港，在海上点燃，随水而去，以此祈愿五谷丰登、生活祥和。

### ❀❀❀ 赏荷花 ❀❀❀

大暑所在的农历六月也称"荷月"，农历六月二十四日，相传是荷花生日，所以民间有赏荷花的习俗。江苏常熟、通州、吴县等地，是著名的观荷之处，观荷纳凉，游船众多，景象颇为壮观。

### ❀❀❀ 喝暑羊 吃面条 ❀❀❀

大暑时节，山东临沂城乡有"喝暑羊"（即喝羊肉汤）或者吃面条的传统习俗。这一天，家家户户嫁出去的闺女和结了婚的儿子都要回父母家，杀上一只羊，做上一锅凉面条，全家人一起喜气洋洋喝羊汤，吃面条，热热闹闹过大暑。

## 实践活动

民间有谚语"热在三伏"。大暑一般处在三伏里的中伏阶段，这时我国大部分地区都处在一年当中最热的阶段。那大暑前后到底有多热呢？请记录大暑前后你所在的城市和长江中下游三大火炉之一的重庆的天气状况，并绘制出气温表。

### 大暑前后天气状况记录表

记录人：

| 日期 | 7月19日 | 7月20日 | 7月21日 | 7月22日 | 7月23日 | 7月24日 | 7月25日 |
|------|---------|---------|---------|---------|---------|---------|---------|
| 城市 | 重庆 | | | | | | |
| 天气 | | | | | | | |
| 最高气温 | | | | | | | |
| 最低气温 | | | | | | | |

## 活动总结

通过对比你所在的城市和重庆的气温，你有什么发现？请写下来。

立秋

扫码听节气知识

### 物候阅读

立秋到了，跟随本期节气观察员的脚步去感受假期间的立秋节气吧！

- 时　间：8月8日
- 地　点：岳阳市湘阴县
- 天　气：多云

立秋时节，绿豆已经熟了，豆荚形状像豆角一般，不过其果实是黑色的。外婆告诉我，把这些成熟的豆荚放到纱布上曝晒，它们就会爆开。是不是很有趣？

- 时　间：8月8日
- 地　点：岳阳市湘阴县
- 天　气：多云

芝麻结果了。形状似有几个棱，顶上有一朵残花，挺美。

- 时　间：8月8日
- 地　点：长沙市八方小区内
- 天　气：阵雨转多云

我们小区种有两种柚子树，立秋，柚子树结了一个个大果子，有的是黄色的，有的是绿色的。

## 你知道吗?

立秋是一年当中的第_____个节气，我国古代将立秋分为三候："一候_____，二候_____，三候_____。"立秋节气的第一个五天，刮风的时候人们会感觉有些凉爽了；第二个五天，清晨时树叶上有一滴滴晶莹的露珠；第三个五天，寒蝉也开始鸣叫起来。

## 立秋的释义

立秋，一般是每年公历 8 月 7 日至 9 日之间的一天。此时，北斗七星的斗柄指向西南，太阳到达黄经 135°。立秋是秋季的第一个节气，为秋季的起点，是阳气渐收、阴气渐长，由阳盛逐渐转变为阴盛的节点。

## 延伸阅读

进入秋季，意味着降水、湿度等处于一年中的转折点，趋于下降或减少；在自然界，万物开始从繁茂成长趋向萧索成熟。所谓"热在三伏"，按照"三伏"的推算方法，立秋至处暑往往还处在"三伏"期间，所以初秋天气还很热，真正有凉意一般要到白露节气之后。热与凉的分水岭在秋季，并不是在夏秋之交。

## 节气诗词

### 立秋

（宋）刘翰

乳鸦啼散玉屏空，一枕新凉一扇风。
睡起秋色无觅处，满阶梧桐月明中。

你还可以搜集到与立秋相关的诗词吗？

# 立秋的习俗

## 晒秋

晒秋是一种典型的农俗现象，以前生活在湖南、江西、安徽山区的农民，由于所处地势复杂，山地多、平地少，只好利用房前屋后及自家窗台、屋顶架晒或挂晒农作物，久而久之就演变成一种传统农俗现象。

## 秋收互助

秋忙开始，农村普遍有"秋收互助"的习俗，你帮我我帮你，三五成群去田间，抢收已经成熟的果实。比如大家一起抢收成熟的玉米，把剩余的玉米穗，不管老嫩，一齐搬回家。

## 啃秋

"啃秋"在有些地方也被称为"咬秋"。天津在立秋这天吃西瓜或香瓜，称"咬秋"，寓意炎炎夏日酷热难熬，时逢立秋，将其咬住。江苏等地也在立秋这天吃西瓜以"咬秋"，据说不易生秋痱子。在浙江等地，立秋日将西瓜和烧酒同食，人们认为可以防疟疾。

你还知道哪些立秋的习俗呢？可以询问家里的长辈，看看自己家乡有哪些立秋的习俗和谚语，也可以上网搜索，看看全国不同地区有哪些不同习俗。

同学们，在立秋前后，你知道哪些食物适合晒秋吗？我们一起来找一找吧。你可以将晒秋的食物画下来或拍照贴在下表中。

**晒秋食物大调查**

| 适合晒秋的食物 | 晒秋前 | 晒秋后 |
| --- | --- | --- |
| 豆角（整个） | | |
| 茄子（皮或局部） | | |
|  |  |  |
|  |  |  |

**活动总结**

想不想利用身边的食物，自己动手晒秋呢？可以问一问家里的长辈，选择合适的食物来晒秋。

| | |
|---|---|
| 晒秋食物选择 | |
| 晒秋工具<br>或器具 | |
| 晒秋的时间 | |
| 晒秋的地点 | |
| 晒秋的步骤 | |

处暑

## 物候阅读

处暑到来，就是天高云淡、清风送爽的金秋时节，大自然也迎来了丰收的季节，下面我们一起来看看节气观察员们的发现吧！

- 时　间：8月23日
- 地　点：长沙市八方公园内
- 天　气：晴

公园里，有些枫叶已经开始泛红了，风一吹，叶子慢慢地摇摆，好像在跳舞一样。

- 时　间：8月23日
- 地　点：长沙市八方小区内
- 天　气：晴

处暑时节，紫薇花盛开了。紫薇花的雄蕊有两种，一种用作繁殖，利用昆虫传播花粉，另一种是吸引昆虫吃它的花粉。

- 时　间：8月23日
- 地　点：长沙市八方小区内
- 天　气：晴

这是蝉的蝉蜕，又叫作蝉壳、知了皮。蝉的背上有裂口，小蝉从壳里钻出来，在晚上羽化。因为晚上鸟儿都休息了，而蝉的天敌是鸟。

## 你知道吗?

立秋不是秋，秋在处暑后。处暑，即为"出暑"，是炎热离开的意思。问一问身边的长辈，或者查阅与二十四节气相关的书籍，还可以上网搜索，试着完成下面的填空。

处暑，是一年当中的第_____个节气，时间点在公历 8 月 23 日前后。中国古代将处暑分为三候："一候_____，二候_____，三候_____。"在这个节气中，老鹰开始大量捕猎鸟类，而北方的万物开始凋零。"禾乃登"的"禾"是黍、稷、稻、粱类农作物的总称，"登"即成熟的意思，意思就是开始秋收。

## 处暑的释义

"处"是指"终止"，处暑的意思是"夏天暑热正式终止"。《月令七十二候集解》记载："七月中，处，止也，暑气至此而止矣。"此后中国长江以北地区气温逐渐下降。所以俗语"争秋夺暑"就是指立秋和处暑之间的时间，这段时间虽然秋天已经来临，但夏天的暑气仍然未减。

## 延伸阅读

处暑虽然标志着炎热的暑天即将结束，但是处暑过后仍有持续高温，虽然没有夏天般的酷暑，但仍会闷热，民间称之为"秋老虎"。"秋老虎"过后，气温逐渐下降，昼夜温差逐渐增大，空气渐渐干燥，要多食滋阴润燥的食物。

## 节气诗词

### 处暑

左河水

一度暑出处暑时，秋风送爽已觉迟。
日移南径斜晖里，割稻陌阡车马驰。

85

# 处暑的习俗

## 出游迎秋

处暑之后，秋意渐浓，正是人们畅游郊野迎秋赏景的好时节。处暑过，暑气止，就连天上的那些云彩也显得疏散而自如，而不像夏天大暑之时浓云成块。民间向来就有"七月八月看巧云"之说，其间就有"出游迎秋"之意。

## 放河灯

河灯也叫"荷花灯"，一般是在底座上放灯盏或蜡烛，中元夜放在江河湖海之中，任其漂泛。

## 开渔节

对于沿海渔民来说，处暑以后是渔业收获的时节，每年处暑期间，在浙江省沿海都要举行一年一度的隆重的开渔节，在东海休渔结束的那一天，举行盛大的开渔仪式，欢送渔民开船出海。

你还知道哪些处暑的习俗呢？查一查资料，看看全国不同地区有哪些不同习俗。

晒秋一年四季都有，不过秋季更丰富了。你知道哪些可以晒，怎么晒呢？今天我们一起来学一学晒萝卜干吧！

第一步：将萝卜洗干净，切成条状；

第二步：撒上盐，进行翻拌，放置一晚，腌出水分；

第三步：将萝卜条挂起来或者摊开，晾晒几日，至水分全干；

第四步：将萝卜干和适量剁辣椒、麻油、鸡精放在一起拌匀，放进坛子中阴凉保存。

 **活动总结**

你的萝卜干晒成功了吗？做一份开胃小菜，请家人尝一尝，把他们的评价记录下来。

| 品尝人 | 品尝感受 |
|---|---|
|  |  |
|  |  |
|  |  |
|  |  |

白露

扫码听节气知识

## 🌱 物候阅读

"白露秋风夜，一夜凉一夜。"进入白露节气后，少了夏的焦躁，多了秋的清凉，十分舒适。走在校园里，时而蹲下、时而抬头、时而停留……便会发现白露时节校园物候的悄然变化。同学们，一起走出教室，去感受自然的一点一滴变化吧！

- 时　　间：9月9日
- 地　　点：长沙市实验小学南校区
- 天　　气：晴

　　捡起地上的槐花，闻一闻槐花的气味。不同的同学闻起来有不同的感受，有人说"好香呀"，有人说"太臭了"，我怎么觉得闻着像牛肉干的味道呢？

- 时　　间：9月9日
- 地　　点：长沙市实验小学南校区
- 天　　气：晴

　　走近槐树，眼神不由得飘到这片绿意上：树冠像一片绿色的云，树叶是水滴形的，树叶表面有点毛，摸起来却很光滑。

- 时　　间：9月9日
- 地　　点：长沙市实验小学南校区
- 天　　气：晴

　　用手抚摸槐树树皮，树皮坑坑洼洼的，很粗糙，干干的，还有点扎手；用双臂抱紧树干，怎么摸起来很粗糙，抱着感觉很光滑呀！

## 你知道吗？

为什么这个节气要叫"白露"呢？清晨，用眼睛去观察一下落在叶子上晶莹剔透的露珠，用手去触碰，感受秋的凉意，也许你会有所感悟！

白露是一年当中的第_____个节气，我国古代将白露分为三候："一候_____，二候_____，三候_____。"白露时节到来，北方天气渐冷，候鸟到了迁徙的时间，鸿雁和燕子都将飞去南方越冬，百鸟也都在储备过冬的粮食。

## 白露的释义

时至白露，天气逐渐转凉，白天还比较暖和，等太阳一落山，气温便很快下降。夜间，空气中的水汽遇冷凝结成细小的水滴，非常密集地附着在花草树木的茎叶或花瓣上；露珠呈白色，尤其经早晨的太阳光照射，看上去更加晶莹剔透、洁白无瑕，非常惹人喜爱，因此得"白露"美名。

## 延伸阅读

禹王是传说中的治水英雄大禹，太湖之畔的渔民称他为"水路菩萨"。每年正月初八、清明、七月初七和白露时节，这里将举行祭禹王的香会，其中又以清明、白露这春秋两祭的规模为最大，历时一周。在祭禹王的同时，还祭土地神、花神、蚕花姑娘、门神、宅神、姜太公等。活动期间，《打渔杀家》是必演的一台戏，它寄托了人们对美好生活的一种祈盼和向往。

## 节气诗词

### 白露
（唐）杜甫

白露团甘子，清晨散马蹄。
圃开连石树，船渡入江溪。
凭几看鱼乐，回鞭急鸟栖。
渐知秋实美，幽径恐多蹊。

你是不是还知道很多关于白露节气的诗词？把它们搜集起来吧！

91

## 🌱 白露的习俗

### 🌸 喝白露茶 🌸

　　老南京人都十分青睐"白露茶"，此时的茶树经过夏季的酷热，白露前后正是它生长的极好时期。白露茶既不像春茶那样鲜嫩，不经泡，也不像夏茶那样干涩味苦，而是有一种独特甘醇清香味，尤受老茶客喜爱。

### 🌸 酿白露酒 🌸

　　一些苏南籍和浙江籍的老南京人还有自酿白露米酒的习俗，旧时苏浙一带乡下人家每年白露一到，家家酿酒，用以待客，常有人把白露米酒带到城市。白露酒用糯米、高粱等酿成，略带甜味，故称"白露米酒"。

### 🌸 吃龙眼 🌸

　　福州有"白露必吃龙眼"的说法。人们认为在白露这一天吃龙眼有大补身体的奇效，而且白露之前的龙眼个个大颗，核小味甜口感好，所以白露吃龙眼是再好不过的了。

　　你还知道哪些白露的习俗呢？可以询问家里的长辈，看我们家乡有哪些白露的习俗和谚语，也可以查询网络，看全国不同地区有哪些不同习俗。

用你"晒秋"的成果为你的父母制作一道丰盛的美食吧！

1.制作美食，需要准备哪些原材料呢？把清单写在下面吧！可以求助爸爸、妈妈哦！

2.用文字或者图片记录你制作美食的过程，期待你和全班同学一起分享。（请在爸爸、妈妈的帮助下完成，千万要注意安全！）

3. 把你和父母享受美食的照片粘贴在下面吧!

4. 让爸爸、妈妈给你制作的美食做个评价吧!

色：☆☆☆☆☆

香：☆☆☆☆☆

味：☆☆☆☆☆

当你把自己亲手制作的美食和爸爸、妈妈一起分享的时候，你有怎样的感受呢？有没有体验到制作食物的不容易呢？有没有体验到劳动带给你的快乐呢？平日里，在我们享受着爸爸、妈妈给我们准备的食物的时候，你有没有和父母道一声"您辛苦啦"？把你的感受写下来吧！

秋分

扫码听节气知识

## 🌱 物候阅读

　　残暑终，秋分至。中国古代很早就以秋分作为耕种的标志，金秋也是收获的季节。秋分时节，大自然有了秋的韵味，一起来看看节气观察员们的发现吧！

- 时　间：9月26日
- 地　点：长沙市实验小学南校区
- 天　气：晴

　　复羽叶栾树的花已经凋谢了，果实就像一盏一盏的小灯笼，风一吹，发出簌簌的声音。果实里面有很多虫子的卵，果实的颜色变红了，也变大了，下完雨之后的清晨，地上到处都是果子、叶子。

- 时　间：9月26日
- 地　点：长沙市实验小学南校区
- 天　气：晴

　　后花园里有很多罗汉松，它的"果子"成熟啦，红色的部分（假种皮）还可以吃噢！我们尝了一下，发现紫色的皮吃起来有一些甜味。

- 时　间：9月26日
- 地　点：长沙市实验小学南校区
- 天　气：晴

　　天气变凉爽了，黄刺蛾幼虫也出来活动啦，小心，请不要碰到它背上的毒刺，不然，就会又肿又痒哦。

## 你知道吗?

"秋分叶落日渐寒,昼短夜长寒暑平。"秋分好像一把玲珑的剪刀,将秋天剪成了两半。你知道秋分的含义吗?查阅相关的书籍,或者上网搜索,完成下面的填空。

秋分是一年当中的第_____个节气。我国古代将秋分分为三候:"一候_____,二候_____,三候_____。"自秋分过后,不再有强对流天气,雷电逐渐消失了。"坯"是细土的意思,就是说由于天气变冷,蛰居的小虫开始藏入穴中,并且用细土将洞口封起来以防寒气侵入。"水始涸"是说此时降雨量开始减少,由于天气干燥,水汽蒸发快,所以湖泊与河流中的水量变少,一些沼泽及水洼处便处于干涸状态。

## 秋分的释义

"秋分"与"春分"一样,都是古人最早确立的节气。秋分的"分",取均分、平分之意。一是按我国古代以立春、立夏、立秋、立冬划分四季,秋分日在秋季90天之中,平分了秋季。二是此时一天24小时昼夜均分,各12小时。

## 延伸阅读

秋分曾是传统的祭月节,据史书记载,早在周朝,就有春分祭日、夏至祭地、秋分祭月、冬至祭天的习俗,不过由于这一天对应的农历八月的日子每年都不同,不一定都有圆月,后来祭月节慢慢地由秋分这天举行演变为农历八月十五日举行,这一天后来也被称为"中秋节"。

## 节气诗词

**点绛唇·金气秋分**

（宋）谢逸

金气秋分,风清露冷秋期半。
凉蟾光满,桂子飘香远。
素练宽衣,仙仗明飞观。
霓裳乱,银桥人散,吹彻昭华管。

你还可以搜集到与秋分相关的诗词吗?

# 秋分的习俗

## 竖蛋

"秋分到，蛋儿俏"，早在 4000 年前，中国就有秋分时节"竖蛋"的传统风俗，当时是为了庆祝秋天来临。在古老的传说中，秋分这天最容易把鸡蛋立起来，说是这一天是时间的平衡，是白天和夜晚的平衡，蛋竖立的稳定性最好。一些地方在秋分这天举行"竖蛋"的趣味游戏或比赛。

## 吃秋菜

在岭南某些地区，有个不成节的习俗，叫作"秋分吃秋菜"。秋分那天，全村人都去田野里采摘秋菜，采回的秋菜一般与鱼片"滚汤"，名曰"秋汤"。

## 放风筝

秋分时节是放风筝的好时候，人们将风筝放得高高的，寓意着步步高升，以求往后的日子能够美好圆满。

秋分时节民间还有送秋牛和粘雀子嘴的习俗，小朋友们，你们知道竖蛋和粘雀子嘴在哪个节气里也有呢？

## 🌿 实践活动

1. 找一棵柚子树，进行观察并记录下来。

### 观察一棵柚子树

用眼睛看

用鼻子闻

用手摸

用嘴尝

柚子浑身上下都是宝。果肉可以食用，营养丰富，是人们喜食的水果之一。柚子皮和果肉还可以做成柚子茶。你还知道柚子的其他作用吗?

你观察了柚子树的哪些部分呢？请用画图的方式画出柚子树的结构。

寒露

## 物候阅读

寒露是二十四节气名称中第一个出现"寒"字的节气，你从字面感受到了天气的变化吗？天寒露重，同学们注意加衣哦！走吧，去瞧瞧大自然有什么变化！

- 时　间：10月21日
- 地　点：长沙市实验小学南校区
- 天　气：晴

捡种子是最开心的事情啦！大颗的是紫薇的种子，小颗的是尾叶紫薇的种子。

肖清怡："果实像特别小的柿子，还被涂黑了。"杨子琪："果实裂开后，一瓣一瓣的，有点像橘子。"黄添乐："果实像咖啡豆。"简泽为："果实中间有一层薄纸，轻轻一碰就碎了！"

- 时　间：10月21日
- 地　点：长沙市实验小学南校区
- 天　气：晴

苏铁是曲纹紫灰蝶幼虫最喜爱的寄主植物，在苏铁附近很容易看见曲纹紫灰蝶优雅的身影。

- 时　间：10月21日
- 地　点：长沙市实验小学南校区
- 天　气：晴

秋雨惊醒了泥土中沉睡的蚯蚓，扭曲着身体一缩一伸地向前爬行，我们把掉落的叶子放在它前面，它从叶子上爬过去了，还有人想用石头挡住它的去路。

## 你知道吗？

"秋风起，寒露凝，一夜寒露一夜凉。"你了解寒露这个节气吗？试着填一填，完成下面的内容。

寒露是一年当中的第_____个节气，属于秋季的第_____个节气，我国古代将寒露分为三候："一候_____，二候_____，三候_____。"寒露的第一个五天，鸿雁排成"一"字形或"人"字形的队列大举南迁；第二个五天，深秋天寒，雀鸟都不见了，古人看到海边突然出现很多蛤蜊，并且贝壳的条纹及颜色与雀鸟很相似，所以便以为是雀鸟变成的；第三个五天，菊花已普遍开放。

## 寒露的释义

寒露，字面意思是将欲凝结的寒凉露气。根据我国传统，通常将寒露作为天气转凉变冷的表现，谚语有言：吃了寒露饭，单衣汉少见。说的正是寒露过后，气温更低。寒露时节，雨水渐少，天气干燥，常常是昼暖夜凉，对秋收十分有利。农谚有："黄烟花生也该收，起捕成鱼采藕芡。大豆收割寒露天，石榴山楂摘下来。"

## 延伸阅读

寒，会意字，甲骨文中"寒"字由外部的屋子、中间的人和人周围的四堆草组成。形像人躲屋内，蜷卧草上（人的四周堆满了草），外边有冰，即寒冷。《说文解字》释义："寒，冻也。"

## 节气诗词

### 池上

（唐）白居易

袅袅凉风动，凄凄寒露零。
兰衰花始白，荷破叶犹青。
独立栖沙鹤，双飞照水萤。
若为寥落境，仍值酒初醒。

你还可以搜集到与寒露相关的诗词吗？

## 寒露的习俗

### 庆祝重阳节

重阳节，为每年的农历九月初九，是中国传统节日。古人认为重阳是一个值得庆贺的吉利日子。庆祝重阳节一般包括出游赏秋、登高远眺、观赏菊花、插茱萸、吃重阳糕、饮菊花酒等活动。

### 斗蟋蟀

白露、秋分和寒露，是老北京人斗蟋蟀的高峰期。蟋蟀也叫促织，一般听见蟋蟀叫就意味着入秋了，天气渐凉，人们该准备过冬的衣服了，故有"促织鸣，懒妇惊"之说。

### 饮菊花酒

寒露节气，菊花盛开，为除秋燥，某些地区就有饮"菊花酒"的习俗。菊花酒由菊花加糯米、酒曲酿制而成，味清凉甜美。

你还知道哪些寒露的习俗呢？可以询问家里的长辈，看自己家乡有哪些寒露的习俗和谚语，也可以查找资料，看全国不同地区有哪些不同习俗。

寒露节气始于 10 月上旬末，10 月下旬结束。随着太阳的直射点的变化，地面所接收的太阳热量比夏季显著减少。其间，人们可以明显感觉到季节的变化。

做一次测量记录，记录寒露当天早、中、晚的气温，对比一下有什么不同的感受。

### 一天的气温记录表

时　间：_____ 年 _____ 月 _____ 日
地　点：
记录人：

| 测量时间 | 气温 / ℃ |
|---|---|
| 早晨（7:00） | |
| 中午（12:00） | |
| 晚上（20:00） | |

1. 你感受到一天当中气温的变化了吗？

2. 请你根据城市天气预报，找一找哈尔滨和广州两个城市在寒露当天的气温变化数据。

3. 对比自己所在地的气温测量数据，看看有什么不同。请在地图上找到三个地方的位置，你有什么发现？气温的变化会影响人们的生活和生产劳动吗？

| 城市 | 气温 / ℃ |
| --- | --- |
| 哈尔滨 | |
| 广州 | |
| 你所在的地方 | |

霜降

扫码听节气知识

## 🌱 物候阅读

霜降是反映气温变化的节气，也是秋天的最后一个节气，意味着即将进入冬天，此时昼夜温差加大，同学们需要注意及时增减衣服啦！另外，你们在霜降时节都有什么发现呢？

- 时　间：10月23日
- 地　点：长沙市实验小学南校区后花园
- 天　气：阴

当我走近枫杨时，惊奇地发现了树干上的秘密。原来枫杨树干上曾经被修剪过的缺口已经慢慢平整，留下了一个个的"眼睛"。"它的树干上有好多眼睛！像猫的眼睛一样。""1，2，3……一共有13个眼睛呀！"

- 时　间：10月23日
- 地　点：长沙市实验小学南校区后花园
- 天　气：阴

最引人关注的是枫杨的翅果了！从立夏到霜降，枫杨的翅果由绿色变成棕色，捡起一颗颗形态独特的翅果，同学们产生了无限的联想。

- 时　间：10月23日
- 地　点：长沙市实验小学南校区后花园
- 天　气：阴

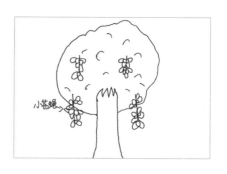

小苍蝇

伍恩乐："长着翅膀的果实像苍蝇。"
肖俞而："果实棕色还带点白色。"
司马爱梓："翅果像一只小鸟。"
宋雅琪："被风一吹，翅膀能带它飞到很远的地方。"

## 你知道吗？

你知道霜降是什么意思吗？扫码听一听节气介绍，还可以查阅资料，试着完成下面的填空。

霜降是一年当中的第_____个节气，我国古代将霜降分为三候："一候_____，二候_____，三候_____。"说的是霜降这天，豺将捕获的大量猎物放在一起，像是在祭祀一样；五天后，树叶枯黄掉落；再过五天，寒气肃凛，曾经鸣叫和活跃的虫类都垂头不食，进入冬眠，不见了踪影。

## 霜降的释义

每年 10 月 23 日前后，太阳到达黄经 210° 时为霜降。霜降是秋季的最后一个节气，是秋季到冬季的过渡节气。《二十四节气解》中说："气肃而霜降，阴始凝也。"可见"霜降"时天气逐渐变冷，露水凝结成霜。

## 延伸阅读

"霜降"时节，昼夜温差变化较大、秋燥明显，天气渐渐变冷，这并不表示进入这个节气就会"降霜"。其实，"霜"也不是从天上降下来的，"霜"是地面的水汽由于温差变化遇到寒冷空气凝结而成。

## 节气诗词

### 山行

（唐）杜牧

远上寒山石径斜，
白云深处有人家。
停车坐爱枫林晚，
霜叶红于二月花。

这首诗大家一定非常熟悉了，你能说出它的意思吗？

你还可以搜集到与霜降相关的诗词吗？

## 霜降的习俗

### 吃柿子

霜降时节，一些地方要吃柿子。柿子一般是在霜降前后完全成熟，这时候的柿子皮薄味甜，营养价值高。

### 赏红叶

霜降来临，树叶的颜色随着气温的降低，受冷经霜而由绿变红。家人朋友在休息时结伴出游，一起欣赏漫山遍野的红叶美景，心情也得以放松。

### 赏菊花

古有"霜打菊花开"之说，霜降时节正是秋菊盛开的时候，所以这个节气非常适合观赏菊花。

你还知道哪些霜降的习俗呢？可以询问家里的长辈，看看自己家乡有哪些霜降的习俗和谚语，也可以查找资料，看全国不同地区有哪些不同习俗。

## 实践活动

1.霜降时节吃柿子，不但可以御寒保暖，同时还能补筋骨。同学们可以用看一看，摸一摸，闻一闻，尝一尝的方法，观察新鲜柿子和柿饼各有什么特点，将你的发现记录在下面的表格中。

### 新鲜柿子与柿饼观察记录卡

新鲜柿子

柿饼

2. 柿饼的制作包括采摘、清洗、去皮、晾晒、捏饼、封霜等过程。同学们可以自己做柿饼，在制作过程中记录我们的发现。

**制作柿饼观察记录卡**

| 时间<br>发现 | 第一天 | 第二天 | 第三天 | 第四天 |
|---|---|---|---|---|
| 我的观察发现 | | | | |
| | 第五天 | 第六天 | 第七天 | 第八天 |
| 我的观察发现 | | | | |
| | 第九天 | 第十天 | | |
| 我的观察发现 | | | | |

同学们做的柿饼成功了吗？请将你做好的柿饼与亲朋好友分享。如果失败的话，也请分析失败的原因。

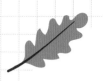

立冬

### 物候阅读

立冬时节，北风呼啸，寒冷来袭，此刻的校园里，又有谁在迎接冬天的到来呢？

- 时　间：11月7日
- 地　点：长沙市实验小学南校区
- 天　气：阴

后花园的八角金盘，不畏严寒，迎风绽放。

- 时　间：11月7日
- 地　点：长沙市实验小学南校区
- 天　气：阴

柰树的果实携带种子随风飘荡，想要开拓一片新的疆土。

- 时　间：11月7日
- 地　点：长沙市实验小学南校区
- 天　气：阴

不起眼的草地上，吉祥草用自己的热情迎接寒冬的到来。

不知不觉地，我们来到了节气"四立"的最后一个节气——立冬。在过去的农耕社会时期，劳动了一年的人们，会利用立冬这一天休息一下，顺便犒赏一家人一年来的辛苦。我们一起来了解这个有趣的节气吧！

## 你知道吗？

你知道立冬是什么意思吗？你能自己想办法完成下面的填空吗？

立冬，是二十四节气中的第_____个节气，也是冬季的第_____个节气。立冬有三候："一候_____，二候_____，三候_____。"第一个五天，北方的水已经能结成冰；再过五天土地也开始冻结；"雉"指野鸡一类的大鸟，"蜃"为大蛤，立冬节气的最后一个五天，野鸡一类的大鸟便不多见了，而海边却可以看到外壳与野鸡的线条及颜色相似的大蛤。

## 立冬的释义

立，建始也，表示冬季自此开始；冬者，终也，万物收藏也，动物藏身躲避寒冷，经过秋收的人们也已将收获收藏入库了。

## 延伸阅读

立冬节气一到，就意味着冬季正式开始，此时的气候特点是偏北风加大，气温开始下降。天文学上把"立冬"作为冬季的开始。立冬时节，太阳已到达黄经225°，我们所处的北半球获得的太阳辐射量越来越少，但由于此时地表在下半年还贮存一定的热量，所以一般还不会太冷，但气温开始逐渐下降。在晴朗无风的时候，还会出现风和日丽、温暖舒适的十月"小阳春"天气。

## 节气诗词

### 立冬

（明）王稚登

秋风吹尽旧庭柯，黄叶丹枫客里过。
一点禅灯半轮月，今宵寒较昨宵多。

## 立冬的习俗

民间有"立冬补冬，补嘴空"之说，也就是立冬进补，自古传承至今。一来立冬后天气很快转冷，"立冬进补"即以各种食物为主，增加体内能量，以此御寒。二来劳作一年的人们，身体较为疲惫，立冬这天置办一些美食，可犒赏家人一年来的辛苦，补补身子。你知道立冬有哪些习俗吗？同学们可以在爸爸、妈妈的帮助下，通过查找资料或者采访的方式记录我国其他地方的立冬习俗。

立冬时节，万物开始进入休眠的状态，树叶也一片片落了下来。在大自然中，树叶的形状各异，有心形、卵形、掌形、针形、扇形等，我们也可以利用各种各样的树叶的形状和颜色，设计出一幅幅独一无二的手工画，还等什么，一起来实践吧！

第一步：走进大自然，拾起落叶，请不要攀折还没掉下来的叶子哦！

第二步：构思画面，用铅笔勾勒出外部轮廓。特别提醒：尽量不要改变树叶的颜色和外形哦！

第三步：用胶水或双面胶将选取的合适的树叶粘贴在卡纸上并压平。特别提醒：粘贴时要从画面远处粘起，注意顺序。

第四步：我们一起分享吧！

## 活动总结

你是怎么做树叶画的呢？可以在下面写下制作步骤和你的感受哦！

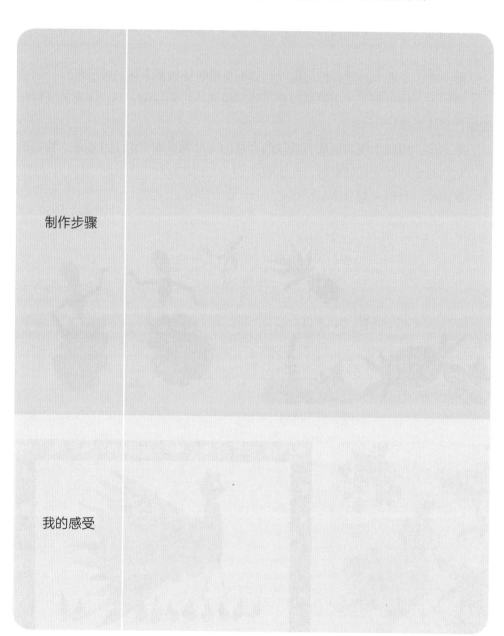

制作步骤

我的感受

小雪

扫码听节气知识

### 🌱 物候阅读

小雪时节，树叶凋零如飘雪，校园里已呈初冬景象。

- 时　间：11月22日
- 地　点：长沙市实验小学南校区
- 天　气：小雨

食堂边，赤楠的果实已经成熟，黑得透亮，藏在繁茂的树叶里。

- 时　间：11月22日
- 地　点：长沙市实验小学南校区
- 天　气：小雨

鸡爪槭不胜寒风的娇羞，为萧瑟的冬天增加一抹绚丽。

- 时　间：11月22日
- 地　点：长沙市实验小学南校区
- 天　气：小雨

一丛丛绽放的甘菊，如繁星点点散落在初冬的校园。

## 你知道吗？

　　小雪，是二十四节气中的第_____个节气，冬季的第_____个节气。小雪和谷雨、小满等节气都是反映降水与气温的节气，它是寒潮和强冷空气活动较频繁的节气。小雪节分为三候："一候_____，二候_____，三候_____。"这说的是：由于不再有雨，彩虹便不会出现了；五天后天空中的阳气上升、地中的阴气下降，导致天地不通、阴阳不交；再过五天，万物失去生机，天地闭塞而转入严寒的冬天。

## 延伸阅读

　　在小雪节气中，全国各地有不同的农事，我们一起看看三个区域的谚语。

　　黄河中下游地区：小雪收葱，不收就空。萝卜白菜，收藏窖中。

　　长江中下游地区：立冬小雪北风寒，棉粮油料快收完。

　　华南地区：小雪满田红，大雪满田空。

## 节气诗词

### 小雪日戏题绝句

（唐）张登

甲子徒推小雪天，刺梧犹绿槿花然。
融和长养无时歇，却是炎洲雨露偏。

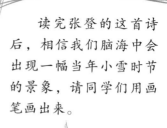

读完张登的这首诗后，相信我们脑海中会出现一幅当年小雪时节的景象，请同学们用画笔画出来。

## 小雪的习俗

### 吃糍粑

在古代，南方某些地区流传着俗语"十月朝，糍粑碌碌烧"。十月朝指农历十月初一，相传这一天每家每户有自己动手做糍粑祭牛神的习俗。

### 酿小雪酒

古时酿酒多在小雪前后，此时秋收刚结束，粮食充裕。在浙江一些地区，人们有在小雪当天酿酒，即"小雪酒"的习俗，据说是因为小雪时节泉水特别清澈的缘故。

### 腌菜

过去受条件所限，冬天新鲜蔬菜很少，价格也贵，因此大家习惯于在小雪前后腌菜，冬天就靠着这些腌制食品下饭。

## 实践活动

小雪是反映降水与气温的一个节气，这个节气的到来，意味着天气会越来越冷、降水量渐渐增加。我们从小雪第一日起到大雪结束，通过收看天气预报记录每日的降水情况吧！

降水是天气的一个重要特征，降水的形式有：雨、雪、冰雹……

| 等级 | 小雨 | 中雨 | 大雨 | 暴雨 | 大暴雨 | 特大暴雨 |
|---|---|---|---|---|---|---|
| 24小时的降水量 | 0.1～9.9毫米 | 10.0～24.9毫米 | 25.0～49.9毫米 | 50.0～99.9毫米 | 100.0～249.9毫米 | ≥250.0毫米 |

| 降水量　城市 <br> 日期 | | 哈尔滨 | 北京 | 郑州 | 上海 | 长沙 | 广州 |
|---|---|---|---|---|---|---|---|
| 小雪 | | | | | | | |
| | | | | | | | |
| | | | | | | | |
| | | | | | | | |
| | | | | | | | |
| | | | | | | | |
| 大雪 | | | | | | | |
| | | | | | | | |
| | | | | | | | |
| | | | | | | | |
| | | | | | | | |
| | | | | | | | |
| | | | | | | | |

根据记录的降水量，绘制各城市降水的趋势图。

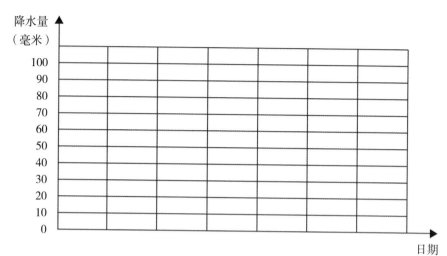

 **活动总结**

通过记录降水量和观察趋势图，你发现了什么？请写下来吧！

大雪

扫码听节气知识

## 🌱 物候阅读

　　大雪节气，校园少了几分色彩，却多了几分喧嚣——秋叶落尽，露出或鲜艳或朴素的果实，引来了鸟儿们的光顾，叽喳的鸟鸣打破了原本校园的宁静。漫步校园时只要稍微抬头，就能发现它们的身影。

- 时　　间：12月7日
- 地　　点：长沙市实验小学南校区
- 天　　气：晴

　　没有风，但柚子树旁尾叶紫薇的树枝却在轻轻晃动，不时有果实和种子落下。是谁在给它挠痒痒？仔细一看，原来是一群麻雀正欢乐地享用下午茶，它们的一举一动使得尾叶紫薇树"沙沙沙"地笑起来。

- 时　　间：12月7日
- 地　　点：长沙市实验小学南校区
- 天　　气：晴

　　树下，一只从北方远道而来的雌性北红尾鸲，在校园里落了脚，它仔细地在地上寻找还没有冬眠的小虫子，一路飞来，它好久没有饱餐一顿了。它橙红色的尾巴，不时上下颤动，如一道红色的闪电消失在灌木丛中。

- 时　　间：12月7日
- 地　　点：长沙市实验小学南校区
- 天　　气：晴

　　也许是受麻雀的邀请，白头鹎也加入了享用"下午茶"中，一只吃饱的白头鹎站在光秃秃的树枝上放声歌唱，呼唤更多的小伙伴过来大吃一顿。远处，站在教室楼顶上的那只似乎听到了呼喊，想要振翅赴约。你知道吗？白头鹎因为头上的白色羽毛像老翁一般，又被大家称为"白头翁"。

## 你知道吗？

　　大雪，是二十四节气中的第_____个节气，冬季的第_____个节气。大雪是指天气更冷，降雪的可能性比小雪时更大了，并不指降雪量一定很大。大雪节气分为三候："一候_____，二候_____，三候_____。"这说的是大雪时节，天气变得非常寒冷，鹖鴠进入了冬眠，不再鸣叫。五天后，老虎开始进入繁殖期，出现求偶交配的行为。"荔"为马蔺，再过五天，马蔺开始抽出新芽。

## 延伸阅读

　　大雪时节，最忌无雪。雪对于来年地表水分的积蓄起着关键性作用。我们都非常熟悉一句农谚："今冬麦盖三床被，来年枕着馍馍睡。"冬季下雪有诸多好处。一是严冬积雪覆盖大地，保持地面及作物周围的温度，使其不会因寒流侵袭而降得很低，为冬作物创造了良好的越冬环境；二是积雪融化时又增加了土壤水分含量，满足作物春季生长的需要。雪水中氮化物的含量是普通雨水的 5 倍，有一定的肥田作用；三是下雪时能冻死土壤表面的一些虫卵，减少小麦返青后的病虫害发生。

## 节气诗词

### 逢雪宿芙蓉山主人
（唐）刘长卿

日暮苍山远，天寒白屋贫。
柴门闻犬吠，风雪夜归人。

> 如果遇到不懂的字词，你可以自己想办法理解它的意思吗？

# 大雪的习俗

## 腌腊肉

时值冬天，繁忙的农事活动已经基本结束。民间有"冬腊风腌，蓄以御冬"的习俗。人们会开始做一些腊肉或者腌肉，预备过年时享用。

## 喝红薯粥

鲁北民间有"碌碡顶了门，光喝红黏粥"的说法，这个时候可以在家里多喝一些红薯粥。红薯含有丰富的营养，适量食用对人的身体非常有好处。

## 观赏封河

大雪时节，天气寒冷，气温降低，此时河面都冻住了，在北方，可以说是"千里冰封"。此时人们会在冰封的河面尽情地滑冰嬉戏，在冰天雪地里赏玩雪景。

如果下雪的话，出门赏雪、打雪仗、堆雪人，也是个不错的选择，更让冬天有了几分鲜活的氛围。此时，你和家人会做什么呢？写下来吧！

## 🌱 实践活动

冬天比较寒冷，城市里的鸟儿主要吃植物果实和种子，有些动物将面临食物短缺的问题。我们可以利用废弃的矿泉水瓶，自制一个鸟类投食器，让鸟儿不再挨饿。

**需要的工具和材料：**

塑料饮料瓶（两个）、鸟类食物（大米、小米、坚果、玉米、种子）、绳子（一卷）、剪刀（一把）、纸漏斗（一个）、盘子（一个）

**步骤：**

1. 选择一个透明的、没有标签的、干燥的塑料饮料瓶。

2. 剥掉坚果的外皮，并把去皮的坚果、大米、小米、玉米、种子等装进瓶子，可以在瓶子下面放一个盘子。

3. 用热熔胶枪将底座与瓶身黏住。

4. 将瓶子倒立，把绳子绑在瓶身上。

5. 将做好的投食器挂在合适的地方。

**请思考一下：**

把投食器挂在哪里比较合适呢?

小鸟是怎样吃到瓶子里面的食物呢?

请记录下你制作鸟类投食器的步骤和感受。

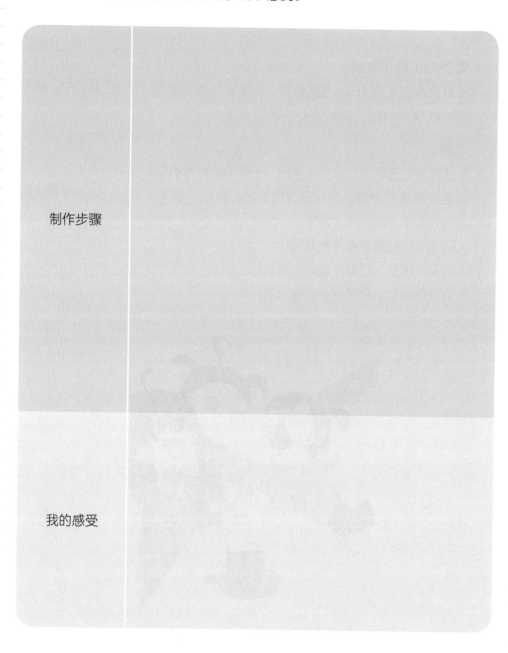

制作步骤

我的感受

冬至

## 物候阅读

大雪时节之后，黑夜变长，白天变短，气温逐渐寒冷，你感觉到了吗？在这时候，二十四节气中的第 22 个节气——冬至，如期而至。尽管天气变冷，仍抵挡不住小朋友们对于学习和生活的热爱，让我们来看看在这个节气里，节气观察员们有什么新的发现吧！

- 时　间：12 月 22 日
- 地　点：长沙市实验小学南校区
- 天　气：晴

冬至时节，雨水相伴，校园里后花园的大树下许多蘑菇从泥土里冒出头来，为路过的小虫子们撑起了一把把伞。

- 时　间：12 月 22 日
- 地　点：长沙市实验小学南校区
- 天　气：晴

校园里，八角金盘结果了，仔细瞧瞧，果实下面的蚜虫正津津有味地刺吸着茎干汁液，蚂蚁在蚜虫间穿梭忙碌着。

- 时　间：12 月 22 日
- 地　点：长沙市实验小学南校区
- 天　气：晴

校园里，一群聒噪的小鸟，经常在后花园里发出"丢，丢，丢"的叫声，它们的脸颊或是黑色，或是白色，黑脸的是黑脸噪鹛，白脸的是白颊噪鹛，它们时而在树上蹦跳，时而在地上啄食，当遇到人时它们会迅速地消失在灌木丛中。

你还发现了哪些有趣的故事呢？快来说一说吧！

## 你知道吗?

伴随着北风呼啸,树叶纷飞,我们又迎来了一个节气——冬至。对于冬至的知识,你了解多少呢?请试着完成以下填空。

冬至是一年当中的第_____个节气,我国古代将冬至分为三候:"一候_____,二候_____,三候_____。"这说的是冬至的第一个五天,土中的蚯蚓仍然蜷缩着身体;第二个五天,麋鹿的鹿角已用不上,便开始脱落,以减轻身体负担;第三个五天,深埋在地底的水泉开始流动。

## 节气诗词

### 邯郸冬至夜思家
（唐）白居易

邯郸驿里逢冬至,
抱膝灯前影伴身。
想得家中夜深坐,
还应说着远行人。

你还可以搜集到与冬至相关的诗词吗?我们来写一写吧!

## 🌱 冬至的习俗

让我们一起用习俗来"说冬至"吧！下面是何孟霖同学搜集到的资料，我们一起来读一读。

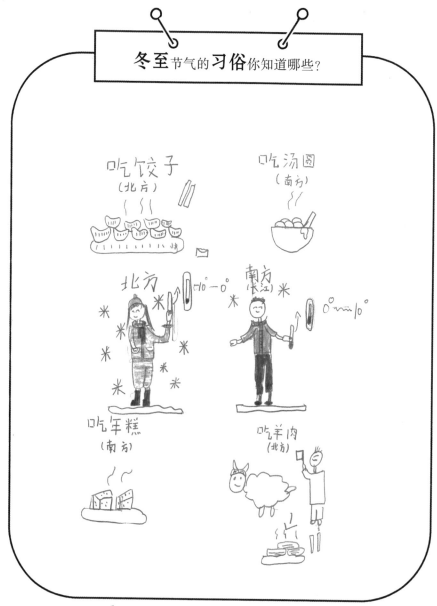

调查人：何孟霖　　　班　级：三(5)　　　调查时间：

调查地点：　　　　　受访人：　　　　　支持人：妈妈

### 吃年糕

每逢冬至做三餐不同风味的年糕，冬至吃年糕，年年长高。

### 吃饺子

冬至吃饺子，传说是由于人们不忘"医圣"张仲景制"祛寒娇耳汤"帮助民众医治冻疮之恩而流传下来，至今仍有"冬至不端饺子碗，冻掉耳朵没人管"的民谣流传。

### 喝羊肉汤

冬至吃羊肉的习俗据说是从汉代开始的，冬至节前晚辈会给长辈送诸如羊肉等礼品，家家都要喝羊肉汤，这对个人、对长辈、对家庭而言，都是图个好兆头。

我国幅员辽阔，地理环境各异，人们的生活方式不同，各地在冬至时也有不同的习俗，你还知道哪些呢？可以向长辈询问民间流传的与冬至有关的习俗，看看自己的家乡有哪些关于冬至的习俗和谚语，也可以通过网络、书籍查找和搜集有关资料。

### 实践活动

俗话说"冬至不端饺子碗，冻掉耳朵没人管"，在中国的一些地区仍然保留着冬至吃饺子的习俗，你有没有兴趣自己动手包一包饺子呢？快来参加我们的"快乐包饺"活动吧！

**活动准备：**

食材：饺子皮、一次性手套、饺子馅（1. 香菇青菜　2. 韭菜猪肉　3. 猪肉）。

器材：托盘（每班 2 个，装饺子用）、盘子、筷子。

评委：老师、家长代表、学生代表。

**活动内容：**

1. 包饺子：每个小组利用各组的材料包饺子。

2. 煮饺子：每组包好的饺子放入指定的地点进行烹饪（可以选择食堂）。

3. 吃饺子：每个小组派一名组员端上煮好的水饺，让评委们来尝一尝。

这次包饺子活动，我们要评出"最佳创意奖""最美味奖""快手包饺子奖"等，请各个上台领奖的小组准备好获奖感言噢！

| 评分 / 分组 | 包饺子的速度 （20分） | 煮熟后的口感 （30分） | 破损度 （20分） | 饺子造型 （30分） | 总计 （100分） |
|---|---|---|---|---|---|
| 第一组 | | | | | |
| 第二组 | | | | | |
| 第三组 | | | | | |
| 第四组 | | | | | |

小寒

扫码听节气知识

## 🌱 物候阅读

　　"咯吱咯吱……"猜猜，这是什么声音？气温渐冷，雪花飞舞，小寒节气到来了！厚厚的雪地一踩一个脚印，让我们顺着这脚步，去和冬天来个拥抱吧！

　　你以为冬天只有萧瑟与寒冷吗？快来与节气观察员们一起寻找冬天的诗意。

- 时　间：1 月 5 日
- 地　点：长沙市八方公园
- 天　气：多云

　　公园里，枫香叶离开枝头，晃晃悠悠地飞向大地的怀抱。蹲下来仔细找，还能在落叶间找到枫香的果实，它是有名的中药"路路通"，戴在手指上，你就能拥有一枚枫香球戒指哦！

- 时　间：1 月 7 日
- 地　点：长沙市八方公园
- 天　气：多云

　　红叶石楠抽出了嫩芽，红色的嫩芽暴露了上面吸得正香的"绿胖子"蚜虫，这可真是一条不畏严寒的"虫坚强"。

- 时　间：1 月 8 日
- 地　点：长沙市八方公园
- 天　气：阴

　　胡颓子果实累累，它们真像可爱的胖娃娃。

## 你知道吗？

你知道小寒是什么意思吗？问一问身边的长辈，或者查阅与二十四节气相关的书籍，还可以上网搜索，试着完成下面的填空。

小寒是一年当中的第_____个节气，我国古代将小寒分为三候："一候_____，二候_____，三候_____。"这说的是小寒之时，大雁感受到逐渐回升的暖意，准备北迁回归故乡，北方到处可见喜鹊开始为繁衍后代"盖新屋子"，野鸡开始唱着动听的求偶歌曲迎接着早春的到来。

## 小寒的释义

公历每年1月5日或6日，太阳到达黄经285°时为小寒。寒即寒冷，小寒表示寒冷的程度。小寒一过，正式进入"出门冰上走"的三九寒天。小寒是反映气温冷暖变化的节气，这时正值"三九"前后，预示着一年中最冷的日子即将到来。

## 延伸阅读

中医认为寒为阴邪，最寒冷的节气也是阴邪最盛的时期，从饮食养生的角度来讲，进入一年之中最寒冷的季节，要特别注意在日常生活中多食用一些温热食物以补益身体，防御寒冷气候对人体的侵袭。

民谚曰："冬天动一动，少闹一场病；冬天懒一懒，多喝药一碗。"这说明了冬季锻炼的重要性。在这干冷的日子里，宜多进行户外的运动，如早晨的慢跑、跳绳、踢毽等。

## 节气诗词

### 问刘十九

（唐）白居易

绿蚁新醅酒，红泥小火炉。
晚来天欲雪，能饮一杯无？

你还可以搜集到与小寒相关的诗词吗？

## 🌱 小寒的习俗

### 🌸 吃糯米饭 🌸

广州传统，小寒早上吃糯米饭，为避免太糯，一般是 60% 糯米搭配 40% 香米，把腊肉和腊肠切碎，炒熟，花生米炒熟，加一些碎葱白，拌在米饭里面吃。

### 🌸 吃菜饭 🌸

古时，南京人对小寒非常重视，有吃菜饭的习俗。人们会用糯米加生姜、矮脚黄、咸肉、香肠片等一起煮成菜饭食用。

你还知道哪些小寒的习俗呢？可以询问家里的长辈，看自己的家乡有哪些小寒的习俗和谚语，也可以通过搜集资料，看全国不同地区有哪些不同习俗。

糖炒栗子：

糖炒栗子是京津一带别具风味的著名小吃，也是具有悠久传统的美味。同学们，赶紧跟着小荷整理的糖炒栗子制作步骤来一次美食制作之旅吧！

1. 把生板栗清洗干净，在水里浸泡一会，这样可以有效留住水分，避免干硬。糖炒栗子其实不用加糖，板栗本身含有大量糖分，吃起来很甜。

2. 炒板栗时选用底厚的炒菜锅，其受热均匀，板栗不容易崩。刚开始板栗有水分，炒几分钟之后板栗表面就变得油光光的。

3. 为了让板栗受热均匀，整个过程要不停地翻炒，一般过 30 秒左右翻炒一次，不翻炒的时候要盖上锅盖，以免板栗蹦出来伤到自己。几分钟后板栗开始裂开，这时还需要再炒十分钟左右，你也可以看成色，觉得差不多了可以拿出一颗尝一下，熟了就可以关火。

4. 把板栗盛出来，皮很容易就剥开了。刚出锅的板栗松软香甜，一起来享受美味吧。

　　亲爱的小伙伴，天寒的时刻，和亲友们围坐火炉，一起分享自己制作的糖炒栗子，是不是很甜蜜呢？不妨拿起笔，用一段小小的文字来记录你的制作感想，也可以把分享美食的全过程记录下来，变成永久的"节气小日记"珍藏起来哦！

大寒

扫码听节气知识

大寒是二十四节气中的最后一个节气，民谚云："小寒大寒，无风自寒。"你一定很好奇，最寒冷的时候，是不是动植物都进入冬眠状态了呢？快看，谁给萧瑟的冬日增添上了绚丽的色彩？

- 时　　间：1 月 22 日
- 地　　点：长沙市尖山公园
- 天　　气：阴

　　公园的山道边，栀子的果实像一盏红红的灯笼，听爸爸说，不同品种的栀子皆可入药，还可作染料呢！

- 时　　间：1 月 23 日
- 地　　点：长沙市八方小区
- 天　　气：晴

　　快看，无刺枸骨一树亮眼的红果，格外显眼，吸引着鸟儿前来填饱肚子，鸟儿们又把它们的种子传到更远的地方。

- 时　　间：1 月 24 日
- 地　　点：长沙市八方公园
- 天　　气：晴

　　灌木丛里，一团团红艳艳的火棘果，把冬天装点得格外漂亮，成团成团的小果子，压弯了枝头。火棘的果实有点像迷你版山楂，听说它可以食用，不过味道酸中带涩。

　　冬日里的红花红果可不止这些，去找一找自然中的红花红果吧，别有一番风味哦。

## 你知道吗?

你知道大寒是什么意思吗？请试着完成下面的填空。

大寒是一年当中的第_____个节气，我国古代将大寒分为三候："一候_____，二候_____，三候_____。"这说的是母鸡开始产卵孵化小鸡，鹰隼之类的凶猛飞禽盘旋于空中到处寻找食物，以补充身体的能量来抵御严寒。天气越来越寒冷，河湖中冰也越结越厚，北方的小朋友可以去参加有趣的冰上游乐啦！

## 大寒的释义

大寒，斗指丑；此时太阳黄经达300°；于每年公历1月20至21日交节。大寒同小寒一样，也是表示天气寒冷程度的节气，大寒是天气寒冷到极致的意思。根据我国长期以来的气象记录，在北方地区，大寒节气是没有小寒冷的；但对于南方大部地区来说，大寒节气最冷。

## 延伸阅读

俗话说："小寒大寒，杀猪过年。"大寒的到来也意味着农历新年即将到来，此时天气渐渐回暖，忙碌一年的人们都做着迎接新年的准备。大寒养生讲究"藏"，人们正好利用春节总结过去、休养生息，共同迎来又一个春天。

## 节气诗词

### 大寒吟

（宋）邵雍

旧雪未及消，新雪又拥户。
阶前冻银床，檐头冰钟乳。
清日无光辉，烈风正号怒。
人口各有舌，言语不能吐。

你还可以搜集到与大寒相关的诗词吗？

## 🌱 大寒的习俗

大寒临近传统佳节——春节，故有除尘的习俗。除尘又称"除陈""打尘"，就是大扫除；"家家刷墙，扫除不祥"，把穷运扫除掉；反之，"腊月不除尘，来年招瘟神"。除尘一般在腊月二十三、二十四进行，即"祭灶"日，除尘时要忌言语，讲究"闷声发财"。

你还知道哪些大寒的习俗呢？可以询问家里的长辈，看看自己家乡有哪些大寒的习俗和谚语，也可以查询网络，看全国不同地区有哪些不同习俗。

## 🌱 实践活动

大寒意味着传统春节即将到来，我们一起和长辈们参加一次除夕前的除尘洒扫劳动实践吧！劳动前，来看看小荷为你准备的省时省力小贴士：

1. 清洁纱窗：将废旧报纸用抹布打湿，再将打湿后的报纸粘贴在纱窗的背面，五分钟后，将纱窗上的报纸取下，你会发现潮湿的报纸上粘满了纱窗上的灰尘污渍。这种方法打扫纱窗，省时又省力，不信你试试！

2. 打扫房间死角：可试着用旧牙刷清理刷净。如果遇到比较顽强的污垢，可以用牙刷蘸洗涤剂刷除，再用水冲洗干净，保持干燥即可。

3. 打扫地板：如果担心灰尘飞扬的话，可以把报纸弄湿，撕成碎片后撒在地板上。由于湿报纸可以黏附灰尘，便可轻松扫净地板。地板相当脏时，可以先用湿的抹布擦拭整体，再用干的抹布擦干净。

4. 去除餐桌污渍：只要撒点盐，再滴点沙拉油，餐桌上的污渍便能刷除干净。汽油或松节油也能去除，但为避免桌面脱漆，最好还是用盐擦拭，真的无法清除时，再考虑使用清洁剂。

5. 清理茶垢：用细布蘸上少量牙膏，轻轻擦洗，很快就可以洗净，而且不会损伤瓷面。

6. 轻松除尘：磨损了脚跟的旧袜子套在手上擦拭家具，用起来方便快捷。

7. 处理油污：可先用废报纸擦拭，再用碱水刷洗，最后用清水冲净即可。

你学会了吗？赶快行动起来吧！

这次除尘行动累吗？拍几张对比照片来分享一下你的劳动过程与成果吧！建议在照片旁边写上"除尘前"和"除尘后"，再记录一下你的心情。

图书在版编目（CIP）数据

阅读四时之美 / 长沙市实验小学, 长沙市湖湘自然科普中心编著. —长沙：湖南科学技术出版社,2021.8
ISBN 978-7-5710-0978-6

Ⅰ. ①阅… Ⅱ. ①长… ②湖… Ⅲ. ①自然科学－少儿读物 Ⅳ. ①N49

中国版本图书馆 CIP 数据核字(2021)第 097731 号

YUEDU SISHI ZHI MEI

**阅读四时之美**

编　　著：长沙市实验小学
　　　　　长沙市湖湘自然科普中心
责任编辑：杨　旻　周　洋　李　霞
整体设计：周　洋
责任美编：刘　谊
出版发行：湖南科学技术出版社
社　　址：长沙市芙蓉中路一段 416 号泊富国际金融中心
网　　址：http://www.hnstp.com
湖南科学技术出版社天猫旗舰店网址：
　　　　　http://hnkjcbs.tmall.com
邮购联系：本社直销科 0731-84375808
印　　刷：长沙市雅高彩印有限公司
　　　　　（印装质量问题请直接与本厂联系）
厂　　址：长沙市开福区中青路 1255 号
邮　　编：410153
版　　次：2021 年 8 月第 1 版
印　　次：2021 年 8 月第 1 次印刷
开　　本：710mm×1000mm　1/16
印　　张：10.75
字　　数：158 千字
书　　号：ISBN 978-7-5710-0978-6
定　　价：48.00 元